米饭最佳伴侣

萨巴蒂娜 主编

每道菜都有步骤图，懒得看字也学得会

省心、省力、省钱、省时，就是不省米饭

瞬间馋坏你的140道菜，分分钟打动你的舌尖

中国轻工业出版社 | 全国百佳图书出版单位

目录 CONTENTS

容量对照表

1茶匙固体调料 = 5克
1/2茶匙固体调料 = 2.5克
1汤匙固体调料 = 15克
1茶匙液体调料 = 5毫升
1/2茶匙液体调料 = 2.5毫升
1汤匙液体调料 = 15毫升

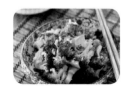

02章
快手小炒

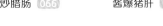

附录：

菜谱图例说明

烹饪这道菜总共所需要花费的时间。

菜品制作的难易程度，用“擀面杖”示意，实心的擀面杖越多，烹饪的难度越高。

卷首语

帝王将相，贩夫走卒，难逃家常菜

我是个吃货，可是我还是一个有些基本原则的吃货。

这一生吃过很多的大餐，却依然喜欢吃家常料理。

吃过河豚，吃过松露，吃过雪花和牛，吃过腿如婴儿手臂粗的螃蟹，吃过据说吃一次就少一次的鲟鱼子。

也试过两人桌的餐厅，有四五个服务生服侍，烛光摇曳，风情无限；试过一餐饭吃几千元，自己掏钱或者别人掏钱；试过坐在米其林餐厅，大厨亲自烹饪并且亲自端上菜肴品尝。

并非说那美食有啥不好，但是，却并没有多少幸福感，更多是满足了我的猎奇心。

我觉得，在遥远的可以随意在野外挑选食材的古代，古人历尽千难万险，将野猪捕捉，将野鸡驯化，将原本是野草的小麦和水稻变成农田的主要农作物，将大白菜、瓜果等蔬菜植入自己的菜园，那一定是经过了他们的甄选，也就是，猪肉鸡肉白菜等食材是最好吃的，小麦和水稻做成主食是怎么也吃不厌的。

更有无数聪明的厨师，在这样精选的食材上经过千百年的演绎，增减辅料，精研火候，变化出无数道美味，所以变成了现在百姓餐桌上的家常菜，也成为了我永远无法割舍的心头好。

如此千锤百炼，怎么会不好吃？那滋味能自动寻觅到你肠胃和灵魂最深处的需要，只要你真的尊重自己的身体。

时至今日，萨巴我，这一生出过不少的美食书，却依然选择继续出版家常菜，直到只剩下一颗牙齿。

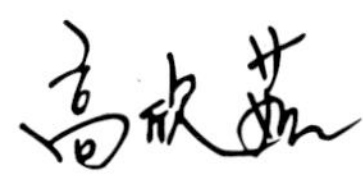

萨巴小传：本名高欣茹。萨巴蒂娜是当时出道写美食书时用的笔名。曾主编过五十多本畅销美食图书，出版过小说《厨子的故事》，美食散文集《美味关系》。现“萨巴厨房”主编。

敬请关注萨巴新浪微博 www.weibo.com/sabadina

01章

可口蔬食

别小看蔬菜，做得好吃的蔬菜一样下饭，而且吃下去更没有负担。曾经有人说，给他一盘鱼香茄子他可以挑起一个地球，好吧，如果再加一份干锅土豆片呢？宇宙是不是被挑起就不知道了，只是家里的米饭一定要遭殃了呢。

硬朗也变温柔

刀豆土豆

特色 一般都是用肉类搭配蔬菜，可是纯素的刀豆与土豆就跟神雕侠侣一样琴瑟相和，味道彼此融合，成为下饭菜中的素食极品美味。

用料一览

主料 土豆350克 ● 刀豆150克（即扁豆，豇豆亦可）

辅料 花椒10克 ● 葱花15克 ● 八角2克 ● 酱油2汤匙 ● 蚝油1汤匙 ● 油300毫升（实耗约30毫升）

扫二维码看视频

营养贴士

刀豆非常适合肠胃不好的人吃，不过务必要先焯熟，否则会有中毒的危险。除了养胃，最近人们还在刀豆中发现了可以抗癌的物质。

操作步骤 GO

1 土豆洗净，用刮皮器去掉外皮。准备一盆清水放在旁边，然后将土豆纵向对半剖开。

2 将土豆先切成厚片，再切成粗条，放入准备好的清水中浸泡备用。

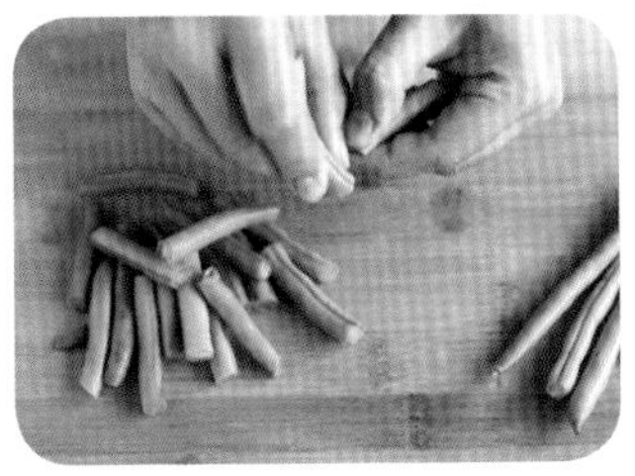

3 烧一锅开水，刀豆洗净，掐头去尾，并顺势撕下两侧的丝，掰成不到 7 厘米长的段。

4 将刀豆放入沸水中焯煮，直至水再次滚沸后，将刀豆捞出，用凉水冲淋，沥干水分。

5 将土豆用清水反复漂洗两三遍，将其中多余的淀粉洗掉，沥干水分备用。

6 锅中放油烧至五六成热，转中小火，将土豆条放入，炸至表面金黄后，捞出沥油。

7 锅中重新放入少许油，烧至五成热，放入葱花和花椒、八角，小火煸出香气。

8 将刀豆、土豆放入，加入蚝油和酱油，大火翻炒两三分钟即可。

烹饪秘笈

土豆分两种，一种是适合做沙拉的面土豆（白心的一煮就软），一种是适合炒菜的菜土豆（黄心的比较硬）。记着买土豆的时候跟卖家询问下哪种更适合做这道菜噢。

素鲜之王

韭黄炒鸡蛋

烹饪时间 08分钟 难度

特色 素菜中的鲜味之王！不知道是鸡蛋让韭黄更加鲜美，还是韭黄成就了鸡蛋的陪伴，总之就是超级好做又好吃的一道菜。

主料

鸡蛋 3 个 ✽ 韭黄 400 克

辅料

酱油 1 汤匙 ✽ 油 3 汤匙

操作步骤 GO

1 将鸡蛋晃一晃再磕入盆中，这样蛋壳上不会残留过多蛋液。用筷子或者打蛋器将鸡蛋打匀，静置片刻备用。

2 韭黄择洗干净，去掉外面的老叶外皮等，切成 3 厘米左右的段。

3 锅中放入 2 汤匙油，烧至八九成热，倒入蛋液迅速翻炒成为蛋花后，盛出备用。

4 锅中重新放入 1 汤匙油，烧至五成热，放入韭黄翻炒至软熟。

5 加入酱油炒匀。

6 放入鸡蛋翻炒。

7 最后把韭黄和鸡蛋炒匀即可。

烹饪秘笈 炒鸡蛋要注意，鸡蛋如果想要蓬松香嫩可口，必须要热油热锅才能达到；此外，由于鸡蛋的吸附能力远超韭黄，所以不能在放入鸡蛋之后再放酱油，否则大部分酱油都会被鸡蛋吸走，不但韭黄没味道，鸡蛋也会非常咸。

操作步骤 GO

1 将鸡蛋晃一晃（减少磕开后的蛋液残留），然后打散成蛋液；番茄洗净去蒂，切成小块备用。

2 锅中放 3 汤匙油，烧至七成热后，将蛋液缓缓淋入，在锅中快速搅打炒成蓬松的炒鸡蛋。

3 鸡蛋盛出，锅中重新放油烧至五成热，先将葱花放入爆香。

4 然后放入番茄块，大火翻炒，炒至番茄软烂。

5 放入盐、白糖调味，搅拌均匀。

6 最后放入鸡蛋，炒匀即可。

烹饪秘笈

这道菜其实口味变化很多。有的人喜欢吃甜、有的人喜欢吃咸，可以自由调配。此外，对于番茄的形态也可以自由掌握火候，喜欢吃糊状的，就多烧一会儿，喜欢吃大块的，可以时间短一些。

永远 NO.1 的

番茄炒蛋

特色 据说这是一道：八成的人觉得最下饭的一道菜，九成的人无法讨厌的一道菜，近十成的人新手下厨必学的一道菜！酸酸甜甜，鸡蛋和番茄的最佳搭配！

主料

番茄 2 个 ● 鸡蛋 3 个

辅料

葱花 5 克 ● 盐 1/2 茶匙 ● 白糖 2 茶匙 ● 油 5 汤匙

清新淡雅

开洋白菜

10 分钟 烹饪时间

难度

特色 碧绿的圆白菜，配上金黄的海米，如邻家小妹一般清新淡雅，爽口开胃。

用料一览

主料　圆白菜 650 克 ✿ 海米 10 克（用温水泡发后大约有 20 克）

辅料　盐 2 克 ✿ 鸡精 1/2 茶匙 ✿ 油 2 汤匙

营养贴士

在抗癌蔬菜的大排名中，这不起眼的圆白菜竟然排在了第五位，可谓地位显赫。它和芦笋、花菜等一样，都有很强的抗衰老抗氧化的作用，此外适合孕妇食用，因为里面含有丰富的叶酸。

操作步骤 GO

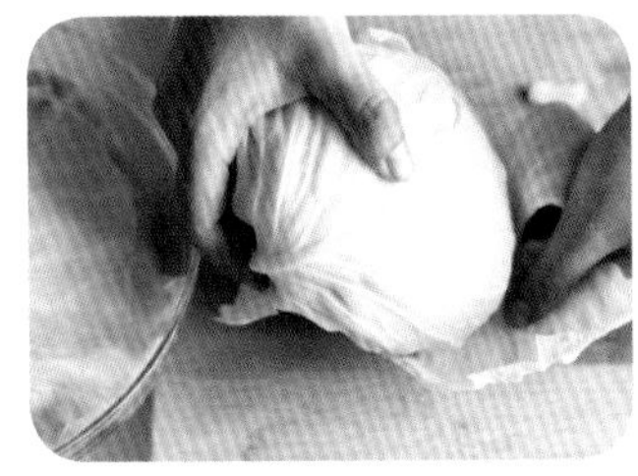

1 将圆白菜逐层剥开，初步冲洗一下。

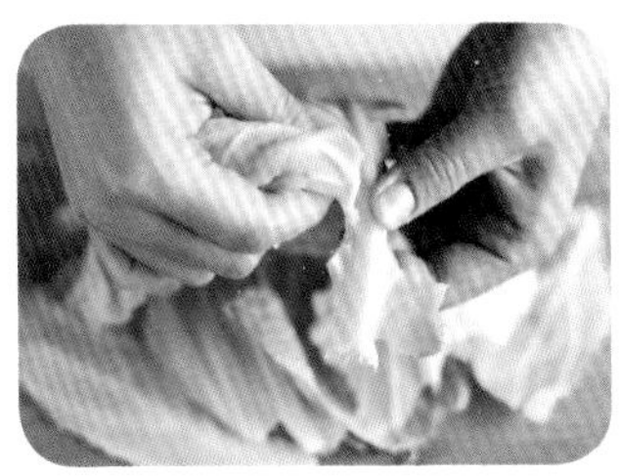

2 圆白菜每片叶子中间都有一个主要的茎，由于其味道不太好，所以需要将其切掉。

3 将比较大的叶子撕成小片。

4 锅中放油烧至三四成热，转中火，放入泡好的海米，慢慢煸出香味。

5 转大火，放入圆白菜，大火翻炒。

6 如果家中的炉灶火力比较旺，可以中途添加微量清水，防止煳锅。

7 放入盐和鸡精，调味炒匀，至圆白菜软熟后即可。

烹饪秘笈

注意，圆白菜这种食材，手撕的味道就是比刀切的要好吃，没什么科学依据，但很奇怪，事实上二者就是有这个差距；此外圆白菜不宜烹煮时间过长，会影响口感。

口感缠绵

青椒干丝

烹饪时间 12分钟 难度

特色 校园时代盖浇饭最受欢迎的浇头之一，忍不住重现一番！

主料

青椒250克 ● 豆干200克 ● 猪肉50克

辅料

葱末、姜末各5克 ● 干红辣椒3根 ● 酱油2汤匙 ● 盐2克 ● 鸡粉2克 ● 料酒2茶匙 ● 白糖1茶匙 ● 老抽1茶匙 ● 油3汤匙

操作步骤 GO

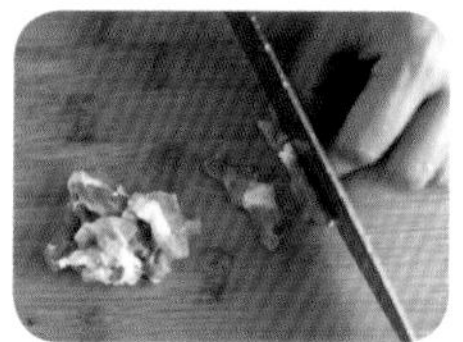

1 猪肉切成5毫米左右的丝，加入盐、鸡粉、料酒，抓拌均匀，腌制15分钟左右。

2 将青椒去蒂后，对半剖开，去掉中间的子，冲洗干净，然后切成3~5毫米粗细的丝。

3 将豆干切成和青椒差不多粗细的丝。

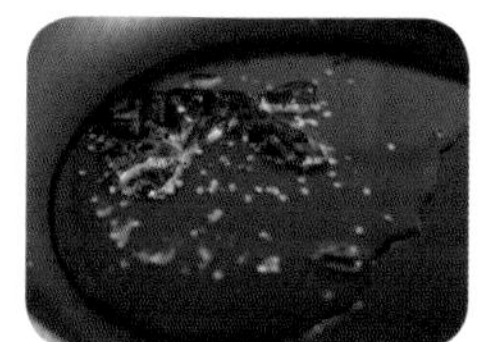

4 锅中放油烧至五成热，先将干红辣椒直接掰碎放入锅中，待辣椒子变色。

5 然后放入葱末、姜末，再放入肉丝煸炒，加入少许酱油（约5~10毫升）调味炒匀。

6 看到肉丝已经熟透之后，加入青椒，翻炒至青椒断生。

7 加入白糖、老抽、剩余酱油，中火翻炒1分钟左右。

8 最后放入豆干丝，翻炒均匀即可。

烹饪秘笈 豆干在制作之前一定看清保质期，豆制品必须食用在保质期内完全熟制的；同时注意，由于豆干中有自己的豆香味，所以不宜过早放入，以免调味料淹没其本味，同时豆制品炒制时间太长也容易造成断裂散碎，影响品相。

操作步骤 GO

1 烧开一锅水，同时将茭白逐层去掉外面的皮，切掉根部比较老的地方，洗净，切成滚刀块备用。

2 将茭白放入沸水中焯烫1分钟后捞出。

3 锅中放油烧至六成热，将焯好的茭白放入，大火翻炒几下。

4 倒入酱油和白糖、鸡精，调味炒匀。

5 然后加入250毫升左右的清水，水量不必很多，大火烧煮。

6 直至汤汁收干。注意此时要勤加翻炒。最后撒上香葱粒提香、装饰即可。

烹饪秘笈

由于茭白直接下锅炒，容易有一些涩涩的后味，在水里焯一下即可去除。

比肉还过瘾

油焖茭白

烹饪时间 10分钟 难度

特色 有人说，我就是爱吃茭白；有人说，茭白啥味道都没有，那么试试这道菜吧，不放一点肉，却让茭白比肉还好吃。

主料

茭白450克

辅料

香葱粒10克 ✿ 酱油2汤匙 ✿ 白糖1茶匙 ✿ 鸡精1/2茶匙 ✿ 油4汤匙

森林的幽香

松仁玉米

10分钟 烹饪时间

难度

特色 玉米的清甜与松仁森林的幽香在舌尖完美融合，彼此渗透，却保留自己的鲜明个性。从小朋友时代就爱吃的菜，吃到只有一颗牙齿也不放弃。

用料一览

主料　罐装甜玉米 250 克 ● 松子仁 50 克 ● 胡萝卜 50 克 ● 豌豆 30 克

辅料　盐、鸡精 各 1/2 茶匙 ● 油 3 汤匙

营养贴士

玉米中含有丰富的维生素 C、维生素 E，能够保护心血管健康、延缓衰老。此外，很多人用眼过度，这样很容易诱发眼底黄斑病变，而玉米能使这种概率降低四成以上。

操作步骤 GO

1 将罐装甜玉米取出。

2 胡萝卜洗净后先切成粗条，然后切成和玉米粒大小相仿的小方丁。

3 豌豆洗净，放入水中煮熟，沥干水分备用。

4 将锅烧热，里面不必放油，放入松子仁，用小火将松子仁炙香，然后盛出备用。

5 锅中放油烧至五成热，先放入胡萝卜丁，炒至油逐渐变成了嫩黄色。

6 然后放入玉米粒翻炒均匀。

7 再加入豌豆、松子仁翻炒，由于材料都已经预制过，所以翻炒时间不必很长。

8 放入盐、鸡精调味炒匀即可。若菜里面的汤水太多，可加少许水淀粉勾薄芡即可。

烹饪秘笈

取甜玉米的时候，罐头里面的汤汁可以一并取出少许，能够增加一些甜味，但是注意不要取太多，不然菜品会变得水汪汪的——这毕竟是一道炒菜，不是汤菜。此外先放入胡萝卜丁炒的原因是胡萝卜中的胡萝卜素可以转化成为维生素 A，而这种维生素是脂溶性（不溶于水，只溶于油脂）的。

荷塘月色

甜辣藕丁

烹饪时间 10 分钟 难度

特色 可令人联想到荷塘月色的一道素食料理。既适合白口吃，又适合拌饭吃，无论是做夜宵、当早点，还是配晚饭，都十分适宜。

主料

莲藕 500 克

辅料

盐 1/2 茶匙 ● 鸡精 2 克 ● 葱姜蒜粉 2 克 ● 白砂糖 2 茶匙 ● 老陈醋 2 汤匙 ● 泰式甜辣酱 4 茶匙 ● 油 2 汤匙

操作步骤 GO

1 将莲藕去皮洗净，先切成 1 厘米左右宽的片，然后再切成 1 厘米见方的小丁。

2 将藕丁入清水中浸泡备用。

3 将白砂糖、老陈醋和泰式甜辣酱混合制成酸甜调味汁。尽量多搅拌，使糖更多溶解。

4 将莲藕沥干水分，撒入葱姜蒜粉搅匀。

5 锅中放油烧至五成热，即手掌放在上方有明显热力的时候，将莲藕放入煸炒。

6 加入盐、鸡精预先调制基本底味，炒匀大致 30 秒左右。

7 然后加入酸甜汁。

8 反复翻炒均匀至藕熟透即可。

烹饪秘笈

白砂糖也可以用黄冰糖或者普通冰糖替代，不过要先敲碎并热熔。此外这道菜有些甜辣口味，也可以不放泰式甜辣酱，只用糖和醋做成更纯粹的糖醋藕丁。

操作步骤 GO

1 将黄瓜洗净，切成两半，斜刀切成片。

2 鸡蛋磕入碗中，放一点盐，用筷子搅拌均匀。

3 炒锅放火上，加入油，油烧热后先将蛋液倒入，炒到八成熟盛出来。

4 原锅继续加入油，下葱花炝锅。

5 投入黄瓜片，把鸡蛋倒入一起炒匀。

6 最后放入鸡精、剩余的盐，出锅装盘即成。

千万记着火要旺，不要把黄瓜炒老了，不然就会很失败。黄瓜带皮会更翠绿，但是去皮会更脆嫩，看你喜好了。

清香鲜美

黄瓜炒蛋

烹饪时间 05 分钟　难度

特色 黄瓜清香，鸡蛋嫩滑，大火炒出来，不由感慨：为啥鸡蛋搭配什么都是这么好吃呢？

主料

黄瓜 2 根 ● 鸡蛋 3 个

辅料

盐、鸡精各 1/2 茶匙 ● 葱花 5 克 ● 油 3 汤匙

至上素食

香菇面筋

特色 当“蘑菇皇后”香菇遇见“无锡小伙”油面筋，猜猜它们之间会擦出怎样的火花呢？

用料一览

主料 鲜香菇12朵 ● 炸面筋球15个 ● 小油菜3棵

辅料 五香粉1克 ● 盐1/2茶匙 ● 酱油1汤匙 ● 豆瓣酱1汤匙 ● 香油少许 ● 油3汤匙

可口蔬食

营养贴士

香菇被人们誉为抗癌明星食物，同时，香菇还有一项伟大的本领，就是能够干扰病毒细胞的合成，对于“无特效药可治”的感冒病毒，香菇其实真的算是一个克星了。

操作步骤 GO

1 将鲜香菇洗净去蒂，然后将菌盖对半切开。炸面筋球从中轻轻切开。

2 小油菜洗净，沥干水分备用。如果小油菜比较粗壮，可以从中间纵剖为两半。

3 锅中放油烧至五成热，即手掌放在上方能感到明显热力的时候，将香菇放入煸炒。

4 放入盐和酱油调味。由于鲜香菇中水分较多，放入盐和酱油之后，随着盐分渗透，香菇中的水分会析出。

5 加少许清水，保持汤水量基本与食材量持平，这时候放入炸面筋球和小油菜。

6 加入五香粉、豆瓣酱搅拌均匀调味。然后盖上锅盖，中火焖烧 3 分钟左右。

7 开盖看到面筋绵软吃透汤汁后，大火将汤汁收浓一些，淋入香油即可。

烹饪秘笈

油面筋可以先用开水泡开再烹饪，既省时又去腻；注意小油菜这类蔬菜中比较容易残留农药，所以需要在淡盐水中充分浸泡 20 分钟以上，取出后再漂洗一下。除油菜外，还可搭配笋片来炒制。

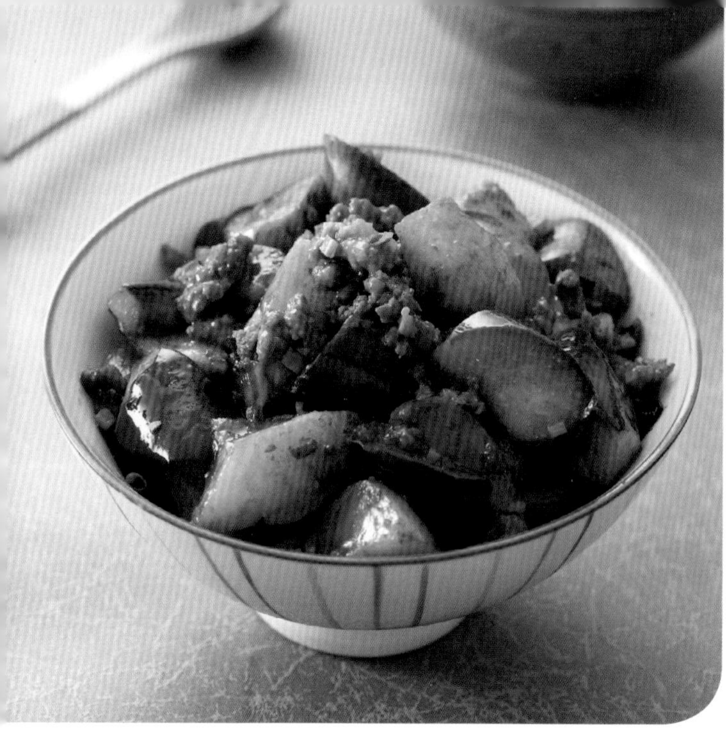

撑破肚皮

土豆烧茄子

烹饪时间 20 分钟 难度

特色 俗话说“土豆烧茄子，撑死老爷子”。既有浓浓的田园风情，又有对家的丝丝牵挂，还有什么菜能比它更家常？

主料

长茄子 500 克 ● 肉末 50 克（肥瘦相间的肉末最佳）● 土豆 150 克

辅料

生抽 1 汤匙 ● 料酒 1 汤匙 ● 老抽 2 茶匙 ● 白砂糖 2 茶匙 ● 甜面酱 1 汤匙 ● 葱末、姜末 各 5 克 ● 油 500 毫升（实耗约 45 毫升）

操作步骤 GO

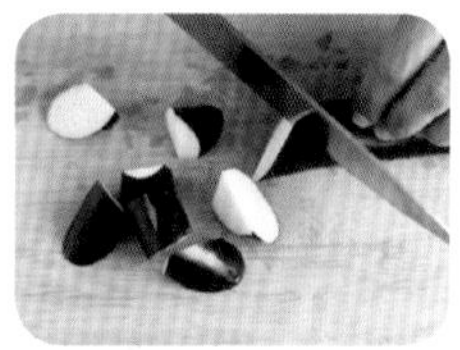

1 将长茄子洗净，去蒂，不必去皮，切成滚刀块，为了让其更易入味，可以在中央切上几刀花刀。

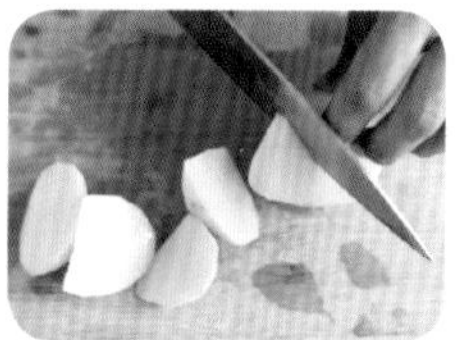

2 土豆去皮洗净，也切成和茄子块大小差不多的滚刀块。

3 锅中放油烧至五成热，将土豆放入锅中，中小火炸至金黄色，捞出沥油。

4 保持油温，将茄子放入，也炸至表面金黄后，捞出沥油。

5 留约 3 汤匙油，煸香葱末、姜末。

6 加入肉末翻炒，加料酒、白砂糖、生抽、甜面酱。

7 加入 30~50 毫升水煮沸。

8 放入茄子和土豆，翻炒均匀。加入老抽调色，最后将汤汁收浓即可。

烹饪秘笈 茄子皮中含有丰富的维生素 P，吃的时候最好不要去皮。茄子比较吸油，所以在炸制之后，需要充分沥油，以免口感油腻。

操作步骤 GO

1 最好选择比较脆、水分含量高，多用于炒制或者做凉菜的土豆，将其去皮洗净，切细丝。

2 准备一盆清水，将土豆丝放入清水中，漂洗3次左右，去掉多余的淀粉。

3 尖椒去蒂去子洗净，也斜切成丝。

4 锅中放油烧至五成热，即手掌放在上方能感到明显热力的时候，将尖椒放入，煸出香味。

5 然后将土豆丝沥干水分，放入一同翻炒至略发软。

6 最后加入盐、鸡精翻炒均匀，直至土豆熟透即可。

烹饪秘笈

如果自己刀工不齐，可以用擦丝器，直接把土豆丝擦在清水中漂洗。尖椒一般有辣味，这道菜如果想要微辣口味，可以掺一个尖椒进来。注意有的尖椒辣度很高，所以最好能找个一次性手套隔绝保护皮肤。

永恒经典的

尖椒土豆丝

烹饪时间 10分钟 难度 /////

特色 男女老少都喜欢的一道菜，胃口不好的时候都不会厌倦的一道菜。一生不知道会吃多少盘尖椒土豆丝下去呢？真是永恒的经典。

主料

尖椒150克 ● 土豆300克

辅料

盐、鸡精 各1/2茶匙 ● 油3汤匙

营养美味

清炒西蓝花

10分钟 烹饪时间　难度

用料一览

主料　西蓝花 750 克

辅料　蒜末 15 克 ● 鸡汁 1 汤匙 ● 盐少许 ● 油 2 汤匙

特色 如果生病了没什么胃口，就吃一道清炒西蓝花吧。西蓝花就是这么骄傲，一个人作为主角出现，经过火的演绎，变成营养又美味的一道好蔬食。

营养贴士

西蓝花从地中海东部传遍了全世界，一直是同类食材的翘楚，它的营养丰富而且全面，同时西蓝花能够抗癌，降低高血压、心脏病等的发生概率。

1 将西蓝花老茎切掉。

2 然后用小刀切成小朵，朵的大小和食指卷起的大小差不多就行。

3 锅中烧沸水，加入少许盐。

4 将西蓝花放入焯烫一下。

5 捞出浸入冷水中备用。这样可以让西蓝花更加嫩绿脆爽。

6 锅中放油烧至五成热，即手掌放在上方有明显热力的时候，将蒜末放入，以中火煸香。

7 放入西蓝花翻炒。

8 加入鸡汁翻炒 2 分钟左右至入味熟透即可。

烹饪秘笈

在淡盐水中焯烫蔬菜，可以让食材更加鲜绿，之后浸凉可以保持其脆爽的口感；烹饪时要把蒜炒熟炒香，中国菜讲究的是生葱熟蒜，顾名思义就是葱生才香，而蒜则要熟才好吃。

下酒好小菜

酒香草头

烹饪时间 05分钟 难度

特色 江南料理中很经典的一道小菜，混合了白酒的香。虽然酒精随着火力蒸发了大半，但是吃多了一样让你脸红红。

主料

草头 500 克（又称苜蓿）

辅料

生抽 4 茶匙 ● 低度白酒 2 汤匙 ● 油 2 汤匙

操作步骤 GO

1 将草头洗净后，沥干水分。

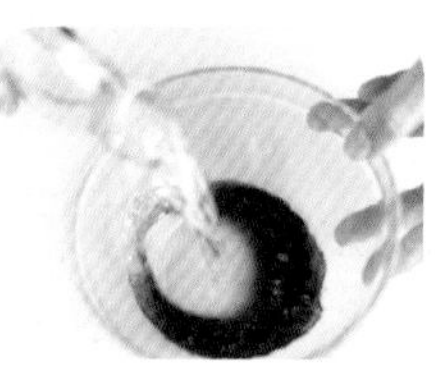

2 将生抽和白酒放在一起搅拌成调味汁。

3 锅中放油烧至八成热，将草头放入，开大火快速颠翻，让食材充分均匀地裹上热油。

4 迅速放入调味汁，烹出酒香后立即出锅即可。

烹饪秘笈 注意火力一定要猛，并且加热时间要极短，基本上这道菜下锅总共也就是几十秒，否则时间长了食材容易出汤，影响味道。而且本身草头成熟速度非常快，来不及先后放两个调料，所以事先混合制作调味汁比较明智。挑草头的时候用手抓起一把后，再松开，嫩草头不容易弹开，就是好的草头。

操作步骤 GO

1 将空心菜择洗干净，然后切成 7~10 厘米长的段，注意将茎、叶分开放置。

2 大蒜拍松后，去掉外皮，放入压蒜器压成蒜蓉，或者直接在案板上用刀切成小碎末。

3 锅中放油烧至五成热，即手掌放在上方能感觉到明显热力的时候，将蒜末放入，小火煸炒。

4 闻到浓浓的蒜香时，转大火，将空心菜的茎先放入，炒 20 秒左右。

5 然后放入空心菜的其余部分，快速翻炒至空心菜的颜色油亮鲜绿，并且微微变软。

6 放入盐、鸡精，快速翻炒均匀即可。

烹饪秘笈

猛火快炒是关键，这道菜不宜炒制太长时间，上桌后也要赶快吃，否则菜品很容易出汤、变咸。

可佐清粥

蒜蓉空心菜

烹饪时间 10分钟 难度

特色 炎炎夏日，用这道菜配一碗清粥，平凡普通，滋味悠长，就像这日子一样。

主料

空心菜 400 克 ✿ 大蒜 6 瓣

辅料

盐、鸡精 各 1/2 茶匙 ✿ 油 3 汤匙

凝结厨房大智慧

鱼香茄子

烹饪时间 10分钟 难度

特色 小小鱼香菜，凝结烹饪的大智慧，我等狼吞虎咽之余，可别忘了佩服一下当时发明这没有鱼却有鱼味的鲜美菜肴的大厨！

用料一览

主料 长茄子 500 克 ● 青椒 100 克

辅料 四川泡椒 20 克（提前剁碎）● 葱末、姜末、蒜末 各 8 克 ● 盐 2 克 ● 鸡精 1/2 茶匙 ● 生抽 2 茶匙 ● 白醋 1 汤匙 ● 料酒 2 茶匙 ● 白砂糖 8 克 ● 水淀粉 1 汤匙 ● 油 500 毫升（实耗约 45 毫升）

营养贴士

吃茄子最好不要去皮，很多别的蔬菜中没有的维生素都在这紫色的皮中。现代人每天大鱼大肉，透支了血管的健康，而茄子正是保护心血管的能手，它能提升血管的弹性。并且，茄子对有害的胆固醇也有抑制作用，有效延缓衰老。

操作步骤 GO

1 将长茄子去蒂洗净，纵剖之后，切成 7 厘米长、1 厘米粗细的长条。

2 青椒去蒂去子，然后冲洗干净，纵向切成和茄子条大小长短大概一致的条。

3 锅中放入油，烧至五成热，即手掌放在上方有明显热力的时候，将茄子放入。

4 中小火炸至表面金黄后，捞出沥油备用。

5 在炸制茄子的同时，将盐、鸡精、生抽、白醋、料酒、白砂糖和水淀粉调匀制成鱼香调味汁。

6 锅中留下少许油，将葱末、姜末、蒜末放入，加入提前剁碎的泡椒炒香。

7 然后放入青椒和茄子，中火翻炒 2 分钟左右。

8 放入鱼香调味汁，勤加翻炒，至均匀并且芡汁收浓后即可盛出。

烹饪秘笈 用四川的泡椒，味道才更地道；茄子要先炸过，吃透了油，才更好吃。

配料当主角的

虎皮青椒

烹饪时间 12分钟 难度 /////

特色 把青椒煎到出现虎皮，就会释放青椒中的美味元素，让平素一般都是当配料的青椒变成了美味的主角！

主料

青椒 5 个

辅料

生抽 2 汤匙 ✹ 白砂糖 1 汤匙 ✹ 鸡精 1/2 茶匙 ✹ 蒜末 10 克 ✹ 豆豉 5 克 ✹ 香醋 1 汤匙 ✹ 油 适量

操作步骤 GO ▸

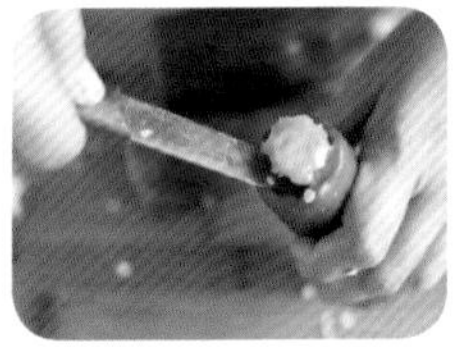

1 将青椒洗净后，切去蒂，将里面的子挖去备用。

2 将豆豉在案板上剁细，以便更大程度地释放其香味。

3 将生抽、白砂糖、鸡精放在一起搅拌均匀，如果糖和鸡精不能完全溶解，可以加一点点温水。

4 平底锅放油铺满整个锅底，烧至八成热，放入青椒，中小火单面煎至青椒逐渐变软。

5 将青椒翻面，看是否有金黄色的虎皮被煎出来，可以用铲子压一下促成虎皮。煎好后盛出。

6 锅中留少许油，煸香蒜末和豆豉。

7 放入青椒、倒入调味汁烧制 1~2 分钟，期间将青椒翻面一两次。

8 看到青椒已经均匀上色了，再烹入香醋即可。

烹饪秘笈 可以根据自己的喜好把青椒换成尖椒。另外香醋不能提前太长时间放入，否则香气会被加热至挥发殆尽，影响菜品风味。身材笔直的青椒较易煎得均匀。

操作步骤 GO

1 将四季豆择洗干净，去掉两侧的丝和两端，切或者掰成7厘米左右的长段备用。

2 将干红辣椒剪碎成1厘米长的小段；猪肉末用料酒和1茶匙酱油搅匀，腌制入味。

3 锅中放油烧至七成热，将四季豆放入，炸至表面出褶皱，水分略挥发后，捞出沥油备用。

4 锅中留底油，保持油温，爆香葱末、姜末、蒜末后，放入干红辣椒段炒香。

5 然后放入猪肉末，大火煸炒至变色熟透。

6 最后放入四季豆，淋入酱油炒匀，最后撒鸡粉翻匀出锅即可。

烹饪秘笈

挑选四季豆的时候最好选嫩的，否则炸制后水分流失，太老的四季豆几乎没法下咽。

值得大口吃

干煸豆角

烹饪时间 10分钟 难度 /

特色 即便是挑剔怕发胖的女生，遇见这道菜也忍不住会盛一小碗饭多吃几口。那么男生呢？肯定就是大口大口地吃得汤汁都不剩了。

主料

四季豆400克 ● 猪肉末40克（或者牛肉末也可以）

辅料

干红辣椒8根 ● 葱末、姜末 各8克 ● 蒜末15克 ● 酱油4茶匙 ● 鸡粉2克 ● 料酒2茶匙 ● 油500毫升（实耗约40毫升）

什么都来点

茄辣西

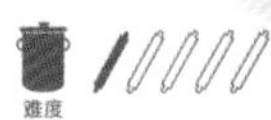

特色 茄子、辣椒、西红柿，取每道菜肴的第一个字，组成了一个像是足球明星的名字；味道呢，也有点怪，有点鲜、有点酸、有点甜。

用料一览

主料 茄子 300 克（长茄子、圆茄子均可）✹ 尖辣椒 1 根 ✹ 番茄 1 个

辅料 大蒜 3 瓣 ✹ 酱油 1 汤匙 ✹ 白砂糖 1/2 茶匙 ✹ 盐、鸡精 各 1/2 茶匙 ✹ 油 500 毫升（实耗约 50 毫升）

营养贴士

茄子、西红柿、尖辣椒都是富含维生素 C、维生素 E 的食材。茄子中的维生素 P 容易流失，所以注意炸制的时间不可过长，也可以挂上薄糊来炸制，更加健康。

1 将茄子洗净，不必去皮，可保留其中珍贵的维生素 P，切滚刀块。

2 蒜拍松去皮，切成蒜末备用。

3 尖辣椒去蒂去子洗净，斜切成平行四边形的片备用。

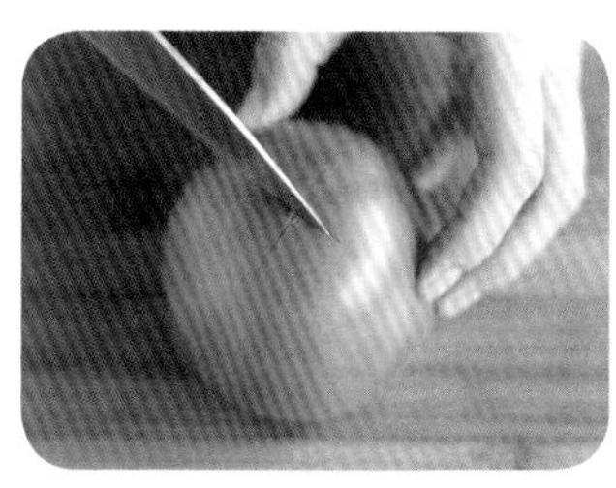

4 番茄洗净，顶部划开十字小口。

5 用开水焯烫十几秒至外皮翘起，去掉外皮，切成大块备用。

6 锅中放油烧至七成热，将茄子放入，炸至边缘略变色，整体略软的时候，捞出沥油。

7 锅中留少许油，保持油温，将蒜末爆香后，放入尖椒翻炒至断生。

8 然后加入番茄和茄子，放入酱油、白砂糖、盐、鸡精调味，翻炒均匀即可。

烹饪秘笈

由于番茄比较软且容易煮烂，所以切的块最好比茄子大一些；这道菜在最后调味均匀后再炒一两分钟比较好，这样才能让调料的味道更深入地渗透食材。

麻与辣的绝配

麻婆豆腐

 12分钟 烹饪时间

 难度

特色 麻、辣、烫、香、酥、嫩、鲜、活，陈家铺子的八字箴言就是对这道菜最好的诠释。

用料一览

主料 南豆腐1块 ✱ 牛肉末50克（瘦肉为主）

辅料 青蒜叶碎15克 ✱ 麻椒10克（放在案板上用擀面杖碾成碎末）✱ 豆豉15克（需要事先剁细）✱ 郫县豆瓣酱2汤匙 ✱ 盐 适量 ✱ 姜末、蒜末各8克 ✱ 酱油2茶匙 ✱ 白砂糖1茶匙 ✱ 水淀粉50克 ✱ 油4汤匙

可口蔬食

营养贴士

豆腐是人们对于大豆中的植物蛋白的最好利用方式，这样的蛋白质非常容易被人体吸收。同时，豆腐中的钙质对牙齿、骨骼的生长都有非常大的帮助，能够预防骨质疏松。

操作步骤 GO

1 将豆腐盒底部剪开一个小口，然后将正面的膜去掉，倒扣在盘中即可将整块豆腐轻松取出。

2 准备一盆淡盐水煮沸，将豆腐切成1.5厘米见方的小块，放入淡盐水中煮滚后捞出，浸入冷水备用。

3 锅中放入大约 1 汤匙油，将牛肉末放入，小火煸炒，直至将其中的水分煸干后再盛出备用。

4 锅中再放余油烧至五成热，放入郫县豆瓣酱，将其煸炒出红油，同时能闻到浓郁的香气。

5 然后放入姜末、蒜末、剁细的豆豉。

6 加入大约 2 汤匙清水、酱油和白砂糖煮滚。

7 放入豆腐、牛肉末，旺火烧煮 1 分钟，为了避免煳底，中间适度旋动锅身。

8 取一半水淀粉勾芡，继续旋动锅身烧煮大约 1 分钟，再放入剩下的水淀粉，撒上事先碾碎的麻椒碎末、青蒜叶碎即可。

烹饪秘笈

北豆腐太老，琼脂豆腐太嫩，南豆腐最好；用麻椒碎来调麻味，而非花椒粒，否则影响口感；这道菜两次勾芡的原因是豆腐比较容易出水，前后两次勾芡可以让菜品的汤汁更为浓厚。

怎么做都好吃

干锅土豆片

烹饪时间 12分钟 难度 ////

特色 土豆配合郫县豆瓣酱带来的香辣简直是侠气十足，稀松平常的食材带来的惊喜往往是最强的，看看一碗碗被消灭的米饭就知道了。

主料

土豆300克 ● 青椒、红椒 各1个 ● 白洋葱1/2个

辅料

鸡精1/2茶匙 ● 郫县豆瓣酱2汤匙 ● 油3汤匙

操作步骤 GO

1 将土豆去皮洗净，视土豆大小将其切成半圆或扇形的小片。

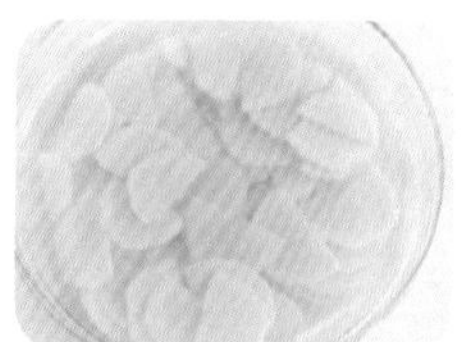

2 将土豆片放在清水里稍加漂洗。

3 青椒、红椒从中间纵切一刀，一分为二，去掉子后冲洗干净，切成和土豆大小相仿的大片。

4 准备一盆清水，可以在里面放一些盐，将白洋葱洗净后，也切成和其他食材差不多大小的片。

5 锅中放油烧至六成热，放入郫县豆瓣酱，炒香并炒出红油。

6 放入土豆片和青椒、红椒，翻炒均匀，直至土豆基本熟透。

7 放入白洋葱炒熟，最后加鸡精调味即可。

烹饪秘笈 切洋葱有点呛眼睛，可以将切好的洋葱立刻放入水中，情况会好很多。切土豆片时可以根据土豆大小自己掌握。

02章 快手小炒

简单几样蔬菜，随便切点肉丝，起油锅翻炒几下，一道美味就上桌了！轻松、快捷，色香味俱全！手艺好的家庭主妇谁不会几样拿手的小炒菜？炒，是中国传统的烹饪方式，虽然不免烟火缭绕、油花四溅，但当你听到食材入锅时发出的刺啦啦的悦耳声音，闻到葱姜蒜炝锅时散发出的扑鼻香味，一定会被这红火热闹的气息所感染！这才是厨房里最动人的元素！

美味诞生于平凡

莴笋木耳炒肉

特色 不太惹眼的一道菜，却包含了菌的鲜、肉的香，热量也不高，看似普通，却于平凡中创造了不平凡的美味。

用料一览

主料 莴笋1棵 ● 干木耳5克 ● 里脊肉150克

辅料 葱花15克 ● 蒜末8克 ● 盐、鸡精各1/2茶匙 ● 生抽2茶匙 ● 料酒1汤匙 ● 白砂糖1茶匙 ● 油3汤匙

营养贴士

里脊肉中的脂肪含量较低，同时搭配富含膳食纤维的木耳与莴笋，是一道很适合现代人食用的营养菜式，不论是做晚餐还是中午的便当，这道菜都非常适合。

1 将干木耳用温水泡发。

2 里脊肉切成厚度在 3 毫米左右的片，用料酒和 1 茶匙生抽腌制片刻备用。

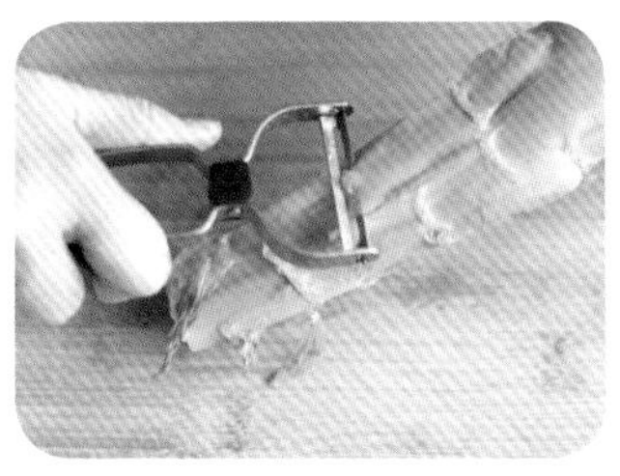

3 莴笋去叶，从中间分成几段。先切掉外面最硬的老皮，再用刮皮器将没有切干净的粗纤维刮去。

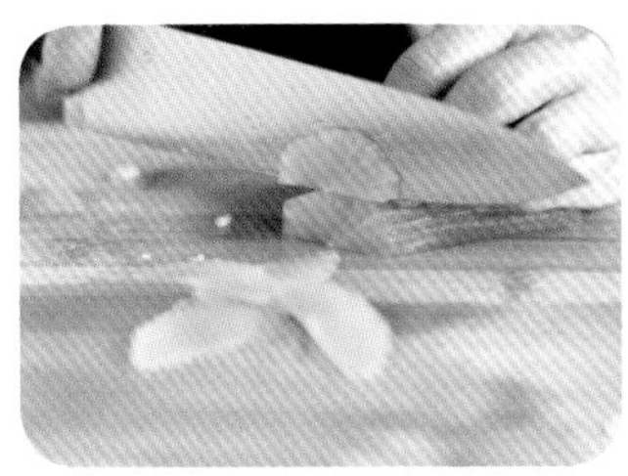

4 将莴笋切成半圆形的片；木耳去掉老根洗净，将较大的木耳撕成小朵。

5 锅中放油烧至五成热，即手掌放在上方能感到明显热力的时候，将葱花、蒜末放入爆香。

6 放入里脊肉煸炒至完全变色，烹入剩下的生抽。

7 放入木耳和莴笋炒匀。

8 然后加入盐、鸡精、白砂糖炒匀，至食材熟透即可。

烹饪秘笈

莴笋叶子也能吃，可以洗干净凉拌；炒菜最后放白砂糖有提鲜的作用，如果图省事也可以不放。

简约而不简单

蒜薹炒肉

烹饪时间 30分钟 难度 ////

特色 下厨房必学，下馆子必点的一道菜。闻上去蒜香扑鼻，吃上去鲜香爽甜，是地地道道的“米饭杀手”！

主料

蒜薹 200 克 ● 猪肉 200 克

辅料

干辣椒 1 个 ● 盐 2 克 ● 生抽少许 ● 白糖 1 茶匙 ● 鸡精 1 茶匙 ● 料酒 1 汤匙 ● 淀粉 2 茶匙 ● 油适量

操作步骤 GO

1 猪肉洗净，切成肉丝，加生抽、料酒、淀粉、一半的白糖腌制15分钟。

2 蒜薹洗净，切成半根手指那么长的小段。

3 蒜薹用开水烫一下，捞出沥干水分备用。

4 干辣椒切成丝。

5 锅中油热后，放入肉丝炒至变色，盛出备用。

6 原锅再倒入少许油，放入干辣椒丝炒香。

7 放入蒜薹，翻炒均匀，淋少许水，炒到蒜薹稍稍变软一些。

8 放入肉丝，煸炒至入味，加少许盐、鸡精、剩余白糖调味即可。

烹饪秘笈 最好不要用纯瘦的猪肉炒这个菜，略肥的肉比较好吃，当然怕胖的人就算啦。另外干辣椒也可以不放。

操作步骤 GO

1 将猪腰去臊腺，用白醋充分搓洗，冲洗干净，划上十字花刀，分切成适口的片，入沸水汆烫几秒钟后捞出沥水。

2 胡萝卜洗净，两侧纵向切去一片，使之有两个平整的侧面相对，然后平放切成平行四边形的片。

3 锅中放油烧至七成热，即能看到轻微油烟的时候，将葱末、姜末、蒜末放入爆香。

4 然后放入猪腰，大火爆炒，并放入白酒大火烹香，同时可以进一步去掉一些腥味。

5 炒半分钟左右，猪腰已经断生并且完全变色，加入胡萝卜翻炒均匀。

6 放入生抽、老抽、盐、鸡精翻炒均匀，继续炒制半分钟左右，猪腰熟透就放入水淀粉勾芡即可出锅。

烹饪秘笈

用白醋充分揉搓猪腰，可以去掉其中大部分的腥臊味道。由于需要快炒，除了白醋之外的所有调料也可以在一开始先混和好，制成调味汁，这样会节省很多寻找调料的时间，保证食材口感。

考验刀工

酱爆腰花

烹饪时间 20 分钟　难度 /////

特色 腰花有一种独特的气味，也有一种独特的鲜味，如果处理好了，就是神作。

主料

猪腰 300 克 ● 胡萝卜 100 克

辅料

白醋 适量 ● 生抽 1 汤匙 ● 老抽 1 茶匙 ● 盐 2 克 ● 鸡精 1/2 茶匙 ● 葱末、蒜末、姜末 各 10 克 ● 白酒 1 汤匙 ● 水淀粉 1 汤匙 ● 油 3 汤匙

一菜多用的好菜肴

榄菜肉末四季豆

烹饪时间 10分钟 难度 /

用料一览

主料　四季豆 350 克 ✽ 橄榄菜 40 克（超市有售的罐装成品）✽ 猪肉末 50 克

辅料　酱油 1 汤匙 ✽ 盐适量 ✽ 鸡精 1/2 茶匙 ✽ 葱末、蒜末 各 10 克 ✽ 料酒 2 茶匙 ✽ 油 3 汤匙

特色 这道菜既适合配米饭，又适合拌面条，是颇受"懒人"欢迎的家常菜式！不妨一次多做一点吧！吃不完放在冰箱里，随用随取，省时省力！

营养贴士

鲜四季豆含有皂苷等有毒物质，烹制时间宜长不宜短，必须完全变色熟透才能食用。这道菜尤其适合夏天吃，既能增进食欲，还能消暑、养胃。

1 锅中烧开一锅水，放入适量盐。肉末用盐和料酒抓匀，静置去腥备用。

2 将四季豆择去两端，并撕去两侧的丝。

烹饪秘笈

先焯水后冲凉，这样的做法不仅能让四季豆口感更脆爽，而且色泽更好。

3 将四季豆放入沸水中汆烫，直至水再次滚沸后，捞出冲凉水，沥干。

4 将四季豆切成小于 1 厘米的小段备用。

5 锅中放油烧至五成热，爆香葱末、蒜末，放入肉末煸炒至其中大部分的水分挥发，质地微干。

6 放入四季豆和橄榄菜，加入鸡精、酱油，翻炒至食材熟透入味即可。

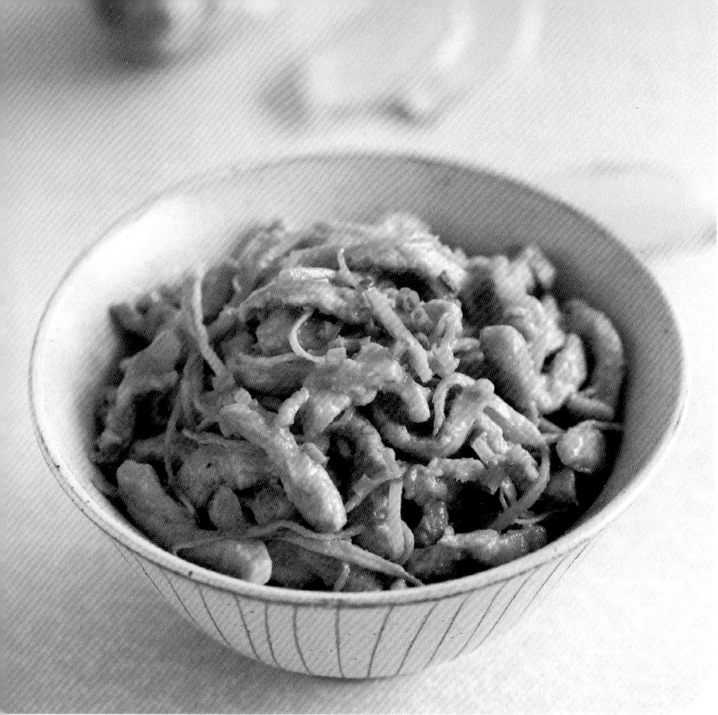

风味独特，别具一格

姜丝肉

烹饪时间 12分钟 难度

特色 俗话说：“饭不香，吃生姜。”用姜做主料入菜，可以发汗止呕、暖肠胃、增食欲。其特殊的香气，赋予了这道菜独特的风味，别具一格！

主料

猪里脊肉 250 克 ● 嫩姜 50 克

辅料

葱花 10 克 ● 盐 2 克 ● 酱油 1 汤匙 ● 鸡蛋 1 个 ● 淀粉 适量 ● 油 4 汤匙

操作步骤 GO

1 将猪里脊肉泡净血水后，先切成厚片，然后切成 3~5 毫米粗细的肉丝。姜去皮后切成细丝备用。

2 将鸡蛋磕开，缓缓向下倒，同时用蛋壳接住蛋黄，只取蛋清。

3 先用盐抓匀肉丝后，在肉丝中放入少许蛋清抓匀，让肉更嫩滑。

4 然后撒入适量淀粉，抓拌均匀，静置上浆。

5 锅中先放入 3 汤匙油烧至五成热，将肉丝放入煸炒至变色后盛出，此时肉丝基本在七八成熟。

6 锅中重新放入少许油后，将姜丝、葱花放入煸香。

7 然后放入肉丝炒至肉丝熟透，姜丝变软。

8 最后放入酱油调味即可。

烹饪秘笈

姜的表面凹凸不平，一般的刮皮器难以应付，直接用刀切外皮又容易造成浪费。我们可以利用酒瓶盖、汽水瓶盖这种同样凹凸不平且尖锐的物体，将姜皮刮去，冲洗干净就可以。

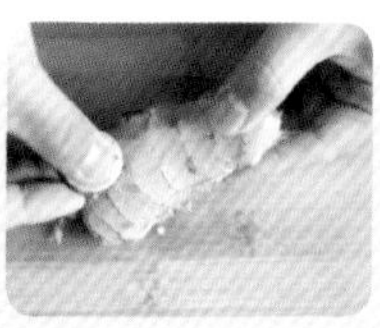

操作步骤 GO ▸

1 将北豆腐切成 2 厘米左右见方的块，放入淡盐水中略浸泡。

2 将猪肉末用料酒、花椒粉和 10 毫升酱油搅匀，腌制入味。将蚝油、剩余的酱油调匀，制成调味汁。

3 锅中放少量油烧至五成热，将肉末放入，煸炒至熟后盛出备用。

4 锅中重新放油烧至五成热，将葱花放入煸香，然后放入豆腐。

5 注意豆腐不要过多翻动，铲的时候要轻。加入调味汁，以中大火力烧煮至汤汁浓稠。

6 最后倒入肉末轻轻炒匀，然后撒上香葱粒即可。

烹饪秘笈

北豆腐切好后放入清水中，加适量盐搅匀浸泡，这样浸泡过的北豆腐更耐烧，口感更好。

味道永不打折

肉末烧豆腐

烹饪时间 10 分钟　难度 ／／／／／

特色 虽然不容易做出好卖相，但是不要紧，和米饭混合在一起，味道一点不打折。

主料

猪肉末 50 克 ● 北豆腐 1 块（400~500 克）

辅料

盐 适量 ● 蚝油 1 汤匙 ● 酱油 2 汤匙 ● 料酒 1 汤匙 ● 葱花 10 克 ● 香葱粒 8 克 ● 花椒粉 2 克 ● 油 3 汤匙

干货出场了

木樨肉

 15分钟 烹饪时间  难度

特色 木耳与黄花菜，经过长时间的干制之后，成分发生了悄悄的改变。与鲜品相比，味道更鲜美，食用更安全！这便是“转化的灵感、时间的味道！”

用料一览

主料 猪里脊肉180克 ● 黄瓜1根 ● 干木耳、干黄花菜各8克 ● 鸡蛋2个

辅料 葱花、姜末各8克 ● 盐、鸡精各1/2茶匙 ● 酱油2汤匙 ● 料酒1汤匙 ● 白糖1/2茶匙 ● 油5汤匙

快手小炒

营养贴士

这道菜不仅好吃，而且营养相当全面，因为它包含了多种食材。肉类、蛋类、菌类、蔬菜，样样不少，可谓家常必备的健康美食。尤其是木耳，排毒、防辐射，对于久坐在电脑屏幕前的人们非常有益处。

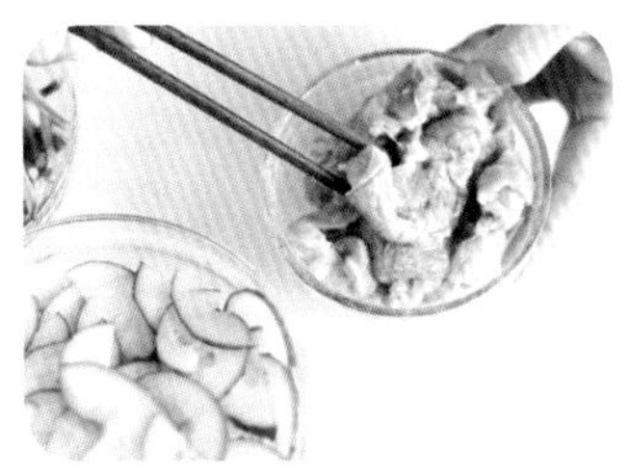

1 将猪里脊肉切成片，用料酒和1克盐抓匀腌制。黄瓜洗净切片；干木耳和干黄花菜泡发洗净。

2 鸡蛋打散成蛋液。锅中放3汤匙油烧至八成热，先将鸡蛋炒熟炒散后盛出备用。

3 锅中重新放油烧至五成热，将葱花、姜末爆香。

4 放入肉片炒至变色。

5 放入黄花菜和木耳，大火翻炒一两分钟。

6 然后放入黄瓜、鸡蛋翻炒均匀。

7 撒入鸡精、酱油、白糖和剩余的盐，调味炒匀，至所有原料熟透即可。

可以适当加一点盐来搓洗木耳，然后冲净，这样拾掇出来的木耳更加干净、黑亮。

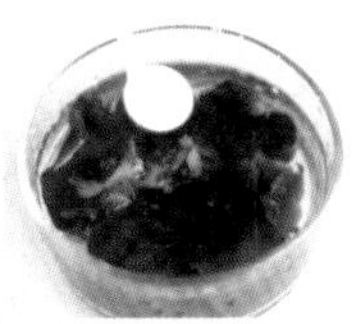

酱爆菜中的魁首

酱爆鸡丁

烹饪时间 12分钟 难度

特色 菜色红润油亮，味道咸中带甜，肉质嫩滑鲜美，入口顿感酱香浓郁，堪称酱爆菜中的魁首！

主料

鸡胸肉 200 克 ✹ 黄瓜 1 根

辅料

甜面酱 3 汤匙 ✹ 鸡粉 1/2 茶匙 ✹ 姜末 10 克 ✹ 料酒 1 汤匙 ✹ 蛋清 适量 ✹ 淀粉 少许 ✹ 油 100 毫升

操作步骤 GO

1 将鸡胸肉洗净，切成1.5厘米左右见方的丁；黄瓜洗净，去掉两端后，纵切成四条，再切成小丁备用。

2 将鸡胸肉用料酒、鸡粉和淀粉抓匀入味，然后加入蛋清抓拌均匀，让其手感近乎于豆腐为佳。

3 锅中放油烧至四成热，放入姜末，再放入鸡丁，温油中火滑至鸡丁基本熟透后盛出。

4 锅中留适量油，将甜面酱放入，小火炒至微微变浓稠，下入黄瓜丁和鸡丁翻匀即可。

烹饪秘笈 这道菜也可以用黄酱来炒，根据口味加糖就可以，两种酱料风味稍有差异，黄酱偏酱香，味道厚重，甜面酱偏甜，味道略薄。如果讲究的，可以将两种酱料混合起来使用。

操作步骤 GO

1 将毛豆洗净，然后放入加有桂皮和大料的沸水中，用中火煮制，保持水微滚的状态，一般8分钟左右就可以熟了。

2 猪瘦肉用清水泡去多余的血水冲净；胡萝卜洗净。两者都切成1.5厘米见方的小丁。

3 猪瘦肉用料酒、部分盐略拌一下，腌制去腥，静置10~15分钟就可以。

4 锅中放油烧至五成热，即手掌放在上方有明显热力的时候，将肉放入煸炒至变色。

5 放入胡萝卜丁和毛豆炒匀。

6 加入鸡粉、酱油、白糖及剩余盐调味炒匀至熟透即可。

烹饪秘笈

煮毛豆和夏天煮带荚毛豆一样，建议在水中放一些花椒和大料，也可以根据自己的口味加一些盐——只是别忘了这是一会儿要炒菜的，别觉得好吃就都给直接吃了……

吃一辈子也不烦的

毛豆肉丁

烹饪时间 30分钟

特色 碧绿的毛豆、软滑的肉丁，相得益彰，这样的家常菜吃一辈子都不会厌烦呢。用筷子一粒粒夹着吃，连消磨时光都觉得这么美妙。

主料

毛豆100克（去荚后）✽猪瘦肉80克（里脊或者腿肉均可）✽胡萝卜120克

辅料

桂皮、大料各5克✽盐2克✽鸡粉1/2茶匙✽酱油1汤匙✽料酒2茶匙✽白糖1/2茶匙✽油3汤匙

传统北京风味菜

京酱肉丝

烹饪时间 20分钟　难度 ///

特色 是片皮烤鸭的猪肉版，是所有热爱酱味的人心中的佳肴。更用豆腐皮取代了面饼，制作简单，比烤鸭更家常，自家厨房也能烹制，可谓群众基础坚实。

用料一览

主料　猪里脊肉 350 克 ● 大葱 1 根 ● 豆腐皮 适量

辅料　甜面酱 40 克 ● 姜末 5 克 ● 盐、鸡精 各 1 克 ● 鸡蛋 1 个 ● 淀粉少许 ● 油 100 毫升

营养贴士

人们都以为这道菜的主角是肉丝，其实不要忽略了葱的存在。大葱是舒张血管的能手，油脂摄入过多，血管难免阻塞、失去活性，而大葱正是救星。这道菜的搭配也可谓是煞费苦心了。

1 将鸡蛋磕开，缓缓向下倒，同时用蛋壳接住蛋黄，只取蛋清。猪肉洗净后切丝备用。

2 将猪肉用盐、鸡精抓匀后，加入少许蛋清和少许淀粉，抓匀上浆。

3 大葱洗净，先切成 7~10 厘米长的段，再切成丝备用。

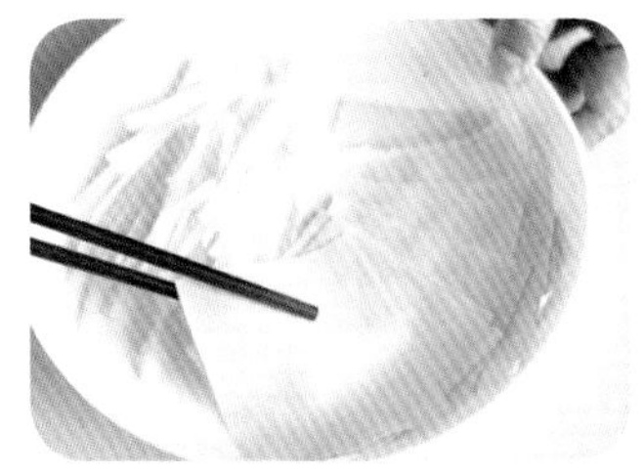

4 豆腐皮放入碗中，上锅蒸透，和葱丝一起放入盘中。注意将葱丝摆在盘子中央。

5 锅中放油烧至三四成热，将里脊肉先放入锅中，中火温油将其滑熟，盛出备用。

6 锅中留适量底油，将姜末爆香后，倒入甜面酱，小火勤加翻炒至酱汁变浓稠。

7 放入肉丝快速翻炒均匀出锅。

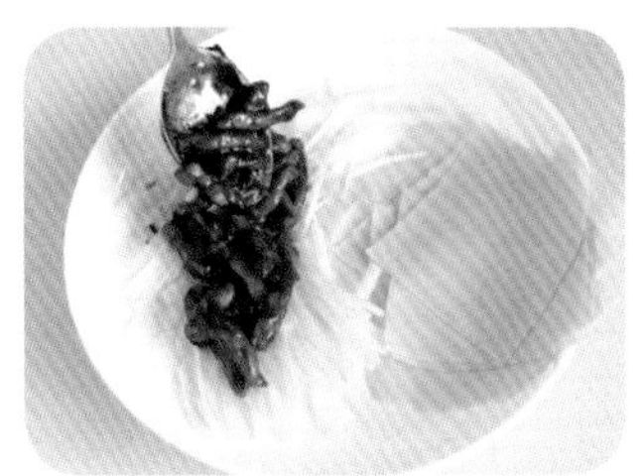

8 将肉丝盛在葱丝上，吃的时候用豆腐皮卷着肉丝和葱丝食用即可。

甜面酱很容易煳锅，所以火力一定要温柔一些，并且勤加翻炒。如果实在怕煳锅，也可以在一开始先用少许清水稀释一下酱料，然后放在锅里，多出来的那些水分还能做一些缓冲，让你更精准地掌握火候。另外，如果喜欢更甜的口味，还可以在甜面酱中再加入适量的糖。

奇妙组合

杭椒牛柳

烹饪时间 10分钟 难度 ////

特色 鲜美却不太辣的杭椒，配上嫩滑的牛肉，奇妙的组合，更奇妙的滋味，萦绕在唇齿之间。

主料

牛里脊350克（最嫩的里脊部位叫“黄瓜条”）● 杭椒70克

辅料

生抽2茶匙 ● 淀粉 少许 ● 盐1/2茶匙 ● 鸡精1/2茶匙 ● 冰糖10克 ● 老抽 少许 ● 葱段、姜块 各少许 ● 油400毫升（实耗约40毫升）

操作步骤 GO ▸

1 牛里脊用清水泡净血水，切成粗条。

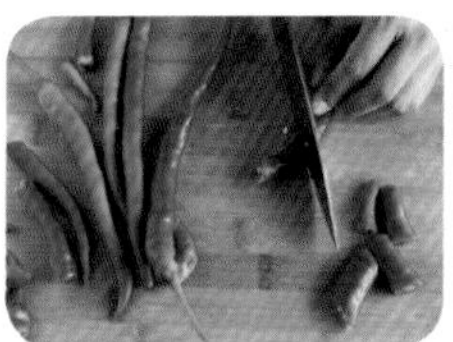

2 杭椒洗净去蒂切段。葱段、姜块剁碎，加清水浸泡，制成葱姜水。

3 将牛肉用盐、葱姜水略腌，然后裹上薄薄一层淀粉。

4 将生抽、老抽、鸡精、冰糖搅拌均匀，制成调味汁。

5 锅中放油烧至四成热，将牛肉以中火滑至八成熟。

6 将牛肉捞出沥油备用，然后保持油温，放入杭椒，炸至杭椒表皮稍起褶皱后，捞出沥油备用。

7 锅中留少许油烧热，放入调味汁快速搅动至汤汁变浓。

8 将牛肉和杭椒放入，快速颠翻均匀即可。

烹饪秘笈 在牛肉上裹的淀粉可以让牛肉在过油的时候，能够锁住里面鲜美的汁水，并且能让牛肉表面产生微焦的口感；牛肉滑炒至八成熟需要30~60秒的时间，注意看到牛肉变色，但是还保持着软嫩的状态的时候就差不多了。

操作步骤 GO

1 烧一锅开水，将荷兰豆择洗干净后，放入沸水中汆烫 15 秒左右捞出，沥干水分备用。

2 焯荷兰豆的水留下，继续烧至滚沸，将腊肉放入，焯 30~60 秒后捞出，沥干水分备用。

3 锅中放油烧至六成热，即手掌放在上方能感到明显热力的时候，放入蒜末爆香。

4 等到蒜末有些微微变色的时候，放入腊肉煸炒 1 分钟。

5 然后放入荷兰豆翻炒均匀。

6 由于荷兰豆已经焯水了，所以炒制一两分钟就可以熟透了，熟后加入鸡粉调味炒匀即可。

烹饪秘笈

如果想要更好的口感，可以将焯烫后的荷兰豆放在漏网里冲凉水，沥干后再下锅炒制。

色香味俱全

荷兰豆炒腊肉

烹饪时间 10 分钟 难度

特色 当爽脆清香的荷兰豆，遇上油润咸香的腊肉，不但结合出丰富的口感，更以其红绿相间的鲜艳色泽，带给人赏心悦目的体验。

主料

荷兰豆 250 克 ● 腊肉 100 克

辅料

蒜末 15 克 ● 鸡粉 1/2 茶匙 ● 油 2 汤匙

其实一点都不含糊

烂糊肉丝

烹饪时间 10分钟 难度

特色 谁会想到这道江浙的名菜，用的主料却是北方特产的大白菜呢？又是一道体现中国人烹饪智慧的佳肴。

用料一览

主料 大白菜 200 克 ● 猪里脊肉 100 克

辅料 葱末、姜末 各 8 克 ● 盐 1/2 茶匙 ● 鸡精 1 茶匙 ● 料酒 1 汤匙 ● 水淀粉 3 汤匙 ● 油 3 汤匙

营养贴士

猪肉和白菜虽然都是普通的食材，但是二者的营养却不容小觑。富含多种维生素和膳食纤维的大白菜，鲜甜可口，配合富含蛋白质的里脊肉，真是一道下饭的营养好菜。

操作步骤 GO

1 将猪里脊肉洗净后切成 3~5 厘米长，5毫米左右粗细的丝。

2 将里脊肉用料酒和 1 克盐抓匀，腌制去腥备用。

3 腌制的同时，将大白菜洗净，切成 5 厘米左右长，5 毫米左右粗细的丝备用。

4 锅中放油烧至五成热，将葱末、姜末放入爆香，然后放入猪里脊肉煸炒至变色。

5 加入大白菜翻炒均匀，盖盖焖 1 分钟左右，大白菜变软了，就放入鸡精、剩余盐调味炒匀。

6 最后加入水淀粉勾芡即可出锅。

烹饪秘笈

如果觉得肉太软不好切，可以将肉块放入冰箱速冻至微微变硬后再切。这道菜的白菜比较容易出水，所以芡可以厚一些。

爽口爽心

黑椒香菇鸡

烹饪时间 50分钟 难度 ///

特色 香菇和鸡肉都是遇到黑胡椒就好吃得不得了的食材。黑胡椒可激发出香菇与鸡肉的鲜香，更带来丰富的口感，令人爽口爽心！

主料

鸡腿肉 350 克（超市有去骨肉）● 紫洋葱 1/2 个 ● 鲜香菇 5 个

辅料

姜末、蒜末各 8 克 ● 淀粉 1 茶匙 ● 蚝油、料酒各 1 汤匙 ● 生抽 2 茶匙 ● 老抽 1 茶匙 ● 白砂糖 1/2 茶匙 ● 现磨黑胡椒碎 1 茶匙（注意不是粉）● 油 4 汤匙

操作步骤 GO

1 如果是带骨琵琶腿，需用剔骨刀从中间将鸡肉纵切一刀直至骨头，然后再把肉整块地剔下来。

2 鸡腿肉切成 2~3 厘米的大块，用料酒、蚝油、淀粉腌制，充分抓拌均匀，静置 20~30 分钟。

3 洋葱洗净，切成和鸡腿肉差不多大小的片。

4 鲜香菇洗净，去蒂，将菌盖切成四块备用。

5 锅中放入油烧至约四成热，将鸡腿肉先放入，用温油中火将鸡腿肉滑炒至断生后捞出沥油。

6 锅中留少许油，爆香姜末、蒜末，然后放入洋葱、香菇，用大火翻炒，直至香菇变软。

7 加入鸡肉翻炒均匀。

8 然后加入生抽、老抽、白砂糖、现磨黑胡椒碎，烧至汤汁浓稠，所有食材全部软熟后即可。

烹饪秘笈 切洋葱时如果感觉呛眼睛，可以将切下来的洋葱放在一盆清水中浸泡备用。

操作步骤 GO

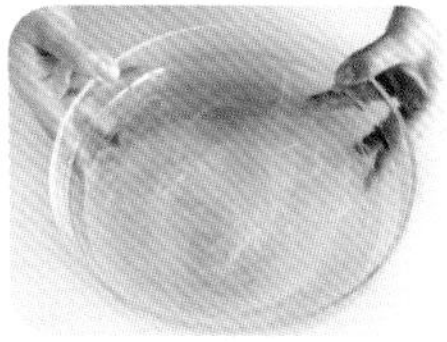

1 将干粉丝用水泡发。另将鸡汁用适量清水调匀稀释备用。

2 锅中放油烧至五成热，爆香葱末、姜末、蒜末后，将郫县豆瓣酱放入，炒出香味和红油。

3 然后放入肉末和料酒烹香，炒至肉末完全变色。

4 将粉丝捞出，放入锅中，加入稀释的鸡汁和食材等量的清水。

5 加入生抽、老抽，大火煮开，多加翻动，让粉丝和肉末混合均匀。

6 直至汤汁收干后盛出，撒上香葱粒即可。

烹饪秘笈

粉丝吸收水分的速度很快，所以这道菜收汤的速度也会比别的菜要快，最后要注意多加翻炒，以防粉丝煳锅。肉末肥瘦相间，肥三瘦七的比较好。

好吃又有趣

蚂蚁上树

烹饪时间 15分钟　难度

特色 肉末贴在粉丝上，形似蚂蚁爬在树枝上。以形取名，别有风味！

主料

干粉丝 35 克 ● 肉末 100 克

辅料

葱末、姜末、蒜末 各 10 克 ● 料酒 1 汤匙 ● 生抽 5 茶匙 ● 老抽 2 茶匙 ● 鸡汁 1 汤匙 ● 郫县豆瓣酱 2 汤匙 ● 香葱粒 15 克 ● 油 4 汤匙

酒饭皆宜

回锅肉

特色 四川名菜回锅肉，据说是四川人“打牙祭”的当家菜。肉片肥瘦相连，金黄油亮；蒜苗清白分明，虽熟仍秀。是一道酒饭皆宜的好菜肴！

用料一览

主料 带皮五花肉 300 克（要整块，先不要切）● 青蒜 50 克

辅料 干红辣椒 3 根 ● 花椒 8 克 ● 葱段、姜片各 15 克 ● 八角 1 个 ● 黄酒 2 汤匙 ● 郫县豆瓣酱 2 汤匙 ● 白糖 1/2 茶匙 ● 油 3 汤匙

营养贴士

百菜不如白菜好，诸肉要数猪肉香。猪肉不仅味道好，其营养成分也丝毫不输其他肉类。猪肉很温和，对于肠胃有一定的滋润作用，能够生津促进食欲，而且补肾气。对于大病初愈的人，适度吃一些猪肉调养还是很适合的。

1 锅中放入清水，然后放入葱段、黄酒、八角、5 克花椒、10 克姜片，冷水放入猪肉，大火煮开。

2 将浮沫撇去，看到猪肉完全变色后，将其捞出，用凉水紧一下。

3 猪肉切成厚度在 3 毫米左右的大片备用。青蒜斜切成 3~7 厘米长的段备用。

4 锅中放薄薄一层油，烧至微有油烟，将剩下的姜片、花椒放入，将干红辣椒掰碎一起放入爆香。

5 放入猪肉片，大火翻炒均匀。然后盛出放在一旁备用。

6 锅中放剩下的油，倒入郫县豆瓣酱，炒出香味和红油——这是郫县豆瓣酱香辣的秘密所在。

7 将猪肉片放入，加入白糖，和郫县豆瓣酱炒匀。

8 最后放入青蒜迅速翻匀即可。

烹饪秘笈

之所以不能沸水下锅是要避免猪肉外面的蛋白质一下子凝固，使得内部的血水不能析出；青蒜可以生吃，并且不能经过太长时间的加热，基本上沾了热气就可以出锅，才能保持它的香气。

馋涎欲滴

剁椒水芹小炒肉

烹饪时间 10分钟 难度

特色 带着皮的五花肉味道诱人，加上剁椒传神点睛的调味，只要吃过一次，再见到的时候唾液腺就会自动亢奋起来。

主料

五花肉300克（肥三瘦七，带皮更好，皮上毛要刮净）✹ 水芹菜150克（和西芹不同，这种更细更嫩）

辅料

葱末、姜末各10克 ✹ 剁椒4茶匙 ✹ 料酒2茶匙 ✹ 鸡精2克 ✹ 生抽2茶匙 ✹ 油2汤匙

操作步骤 GO

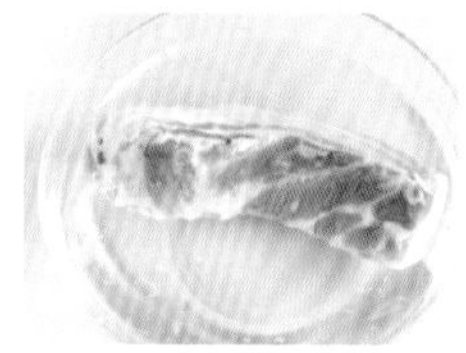

1 将五花肉洗净，如果买的是带皮的五花肉，最好检查一下外皮上是否还有毛，将其刮干净。

2 将五花肉切成3毫米左右厚的片。

3 水芹菜择洗干净，将其切成3~7厘米长的段；另将剁椒剁碎备用。

4 锅中放油烧至五成热，放入葱末、姜末和五花肉片。

5 烹入料酒炒至肉片完全变色且微微卷曲。

6 放入剁椒酱煸炒20~30秒钟，炒出剁椒的香辣味道。

7 然后放入芹菜，水芹比较细嫩所以不用炒制时间太长。最后加入生抽和鸡精炒匀即可。

烹饪秘笈 带皮的五花肉，完全软化的时候很不好切，建议在冰箱里冻一会儿，有一些硬度的肉更好下刀，不至于皮肉脱离。

操作步骤 GO

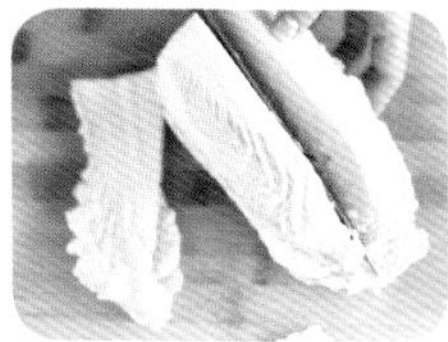

1 将娃娃菜去根，纵切成四条，将菜叶分散开来，冲洗干净，沥干水分备用。

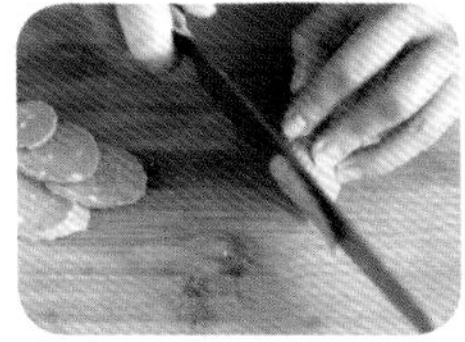

2 火腿切成片备用。

3 锅中放油烧至五成热，将葱花、姜末爆香后，放入娃娃菜，翻炒半分钟左右。

4 娃娃菜稍软后，放入火腿炒匀。

5 加入盐、鸡精调味。

6 娃娃菜软熟后，淋入香油，加水淀粉勾芡即可。

烹饪秘笈

娃娃菜在受热并遇到咸味调味品之后，会析出很多水分，所以需要用水淀粉勾芡，勾的芡要浓一些更好。火腿可以是你喜欢的任意火腿。

适合减肥的美味

火腿炒娃娃菜

烹饪时间 08分钟　难度 /////

特色 娇嫩的娃娃菜，有了火腿，就显得有了一点烟火气，制作相当简单，热量也不高，适合正在减肥的姐妹。

主料

娃娃菜 2 棵 ● 火腿 100 克

辅料

葱花、姜末各 8 克 ● 盐、鸡精各 1/2 茶匙 ● 水淀粉 2 汤匙 ● 香油 少许 ● 油 3 汤匙

化腐朽为神奇的

炒三丁

烹饪时间 15分钟　难度

特色 这是一道可以解决厨房里多余配料的一道好料理。把几样不相干的东西炒到一起，竟然会激发特别的美味呢。

用料一览

主料　尖椒 100 克 ● 熏干 100 克 ● 土豆 150 克 ● 猪梅肉 100 克

辅料　盐、鸡粉各 1 克 ● 料酒 1 茶匙 ● 生抽 1 茶匙 ● 蚝油 1 汤匙 ● 油 3 汤匙

快手小炒

营养贴士

不要小看土豆，除了蛋白质之外，土豆还含有丰富的钙、钾等矿物质及多种维生素，在欧洲享有“第二面包”的美誉。同时，熏肝和猪肉之间，也形成了植物蛋白和动物蛋白的互补，让这道菜健康满满。

操作步骤 GO

1 将猪梅肉切成1.5厘米左右见方的小方丁，用盐、鸡粉、料酒抓拌均匀，腌制15分钟左右。

2 将尖椒洗净去蒂去子，切成1.5厘米见方的小方片；熏肝切成和肉丁大小相仿的小方丁。

3 土豆去皮洗净，切成和肉丁大小相仿的小方丁，入沸水焯烫一两分钟后，捞出沥干水分备用。

4 锅中放油烧至五成热，即手掌放在上方有明显热力的时候，将肉丁放入煸炒至熟后盛出。

5 然后放入尖椒片，中火翻炒45秒左右，至尖椒微辣的香气析出。

6 放入土豆和熏肝，炒至土豆成熟，再加入肉丁、生抽、蚝油翻炒均匀，一两分钟后即可出锅。

烹饪秘笈

这道菜还是选用有一点肥肉的猪肉口味更佳。猪梅肉的肥瘦相间，肉质鲜美，用来炒制或者烤制都很好吃。

简约而不简单

青蒜炒腊肠

烹饪时间 10分钟 难度 //////

特色 “秋风起，腊味香”。咸香可口的腊肠，加上增鲜提香的青蒜，美味再度加分，只能感慨米饭不够了。

主料

腊肠 100 克 ● 青蒜 100 克

辅料

盐、生抽各少许 ● 油 3 汤匙

操作步骤 GO

1 将腊肠斜刀切片；青蒜洗净后，也斜刀切成菱形片备用。

2 锅中放油烧至五成热，先将腊肠放入。

3 看到腊肠有些微微卷曲，并且肉质有些透明。

4 放入青蒜，加盐、生抽快速翻炒均匀即可。

烹饪秘笈 青蒜沾上一些热气就可以出锅，切勿长时间翻炒。腊肠中有一些盐分，这个盐和生抽，主要是为了给青蒜一些味道，量的多少，还需要根据腊肠咸度的不同来决定。

操作步骤 GO ▸

1 将猪肝切成3~4毫米的薄片，放入清水中泡净血水备用。

2 黄瓜洗净，两侧纵向切去一片，使之有两个平整的侧面相对，然后切成平行四边形的片备用。

3 将黄酱、白糖、鸡粉和少许温水放在一起调匀制成调味汁。

4 将蒜去皮剁成蒜末备用。锅中放油烧至七八成热，即能看到轻微油烟的时候，将蒜末放入煸香。

5 放入猪肝，烹入料酒大火烹炒，至猪肝断生变色。

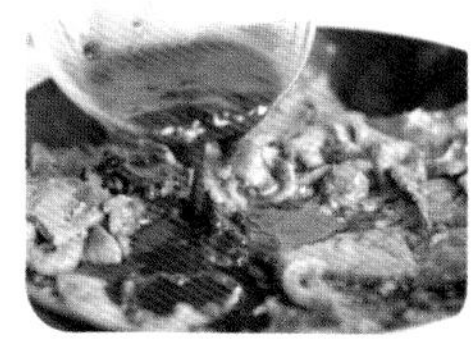

6 放入黄瓜和调味汁，快速翻炒均匀，至猪肝刚刚熟透即可。

烹饪秘笈

如果猪肝中的血水过多，容易影响其味道和口感，故需要泡净；同时，由于猪肝不宜加热时间过长，所以我们为了尽量缩短拿调味料的瓶瓶罐罐的时间，要事先制作调味汁。

补血又明目

酱爆猪肝

烹饪时间 15分钟　难度 ////

特色 可以让你爱上猪肝的一道菜。可补充维生素D，护肝明目，经常熬夜的人要多吃噢。

主料

猪肝350克 ● 黄瓜1根

辅料

黄酱4茶匙 ● 白糖1茶匙 ● 料酒1汤匙 ● 鸡粉2克 ● 大蒜20克 ● 油3汤匙

香、嫩、滑

蚝油牛肉

30分钟 烹饪时间 难度

特色 爱吃牛肉的人，必须要学会的菜，只要掌握好火候，便能成为你的当家菜！

用料一览

主料　牛里脊肉350克

辅料　大葱1根 ✿ 水淀粉2汤匙 ✿ 酱油1茶匙 ✿ 蚝油2汤匙 ✿ 姜丝10克 ✿ 黄酒1汤匙 ✿ 油3汤匙

营养贴士

牛肉中含有的蛋白质，其氨基酸组成与人体所需非常契合，并且能够提升机体抗病能力，强筋骨、益气血。同时，牛肉也有不错的补血作用。

1 将牛里脊肉洗净切厚片。使用小苏打抓拌均匀，静置片刻后，用清水冲净，可令肉片更嫩。

2 用10毫升黄酒、少许蚝油（10毫升以内）抓拌均匀，腌制20分钟以上至入味。

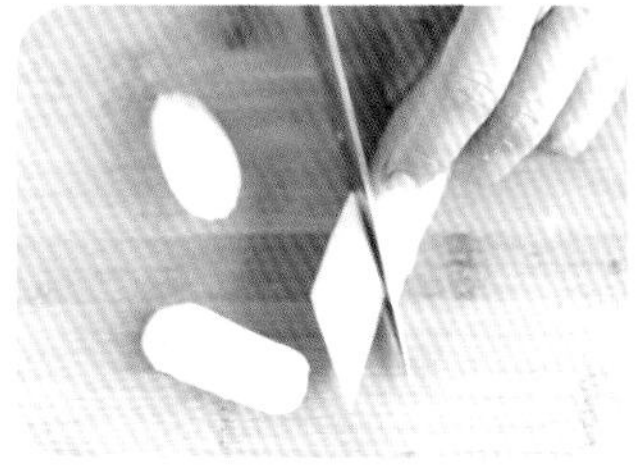

3 大葱去掉外面的老皮，洗净后，斜刀切成长段。

4 将酱油、水淀粉、剩余蚝油制成调味汁备用。

5 锅中放油烧至六七成热，即能看到少许油烟的时候，放入姜丝煸香。

6 然后放入牛肉，同时烹入剩余的黄酒，大火烹炒。

7 看到牛肉基本变色后，放入葱段，煸炒至葱软，就放入调味汁。

8 调味汁中有水淀粉，看到水淀粉逐渐变稠成为芡汁，即可出锅。

烹饪秘笈 为了不让牛肉变老，必须要用大火力让其快速成熟。

当仁不让的下饭菜

农家小炒肉

烹饪时间 10分钟 难度

特色 湘菜馆里点击率非常高的一道菜。外表虽然不起眼，其火爆喷香的味道却十分霸道！此菜一上桌，其他菜式便纷纷退下吧！

主料

猪梅肉 200 克 ● 红彩椒 50 克 ● 青辣椒 25 克

辅料

● 豆豉 10 克 ● 酱油 1 汤匙 ● 料酒 1 汤匙 ● 鸡精 1/2 茶匙 ● 油 3 汤匙

操作步骤 GO

1 将猪梅肉微微冻硬后，切成厚度约 3 毫米的小片。

2 将猪梅肉加入鸡精、料酒，抓一下，略加腌制备用。

3 红彩椒去蒂去子，切成菱形片；青辣椒去蒂，斜切成段。

4 将豆豉剁细，以便其更多地释放出豉香。

5 锅中热油，爆香豆豉。将猪梅肉放入，大火煸炒至七八成熟后盛出。

6 锅中留油烧热，将红彩椒、青辣椒放入，煸炒出香味。

7 将猪梅肉放入翻炒。

8 看到红彩椒、青辣椒去生、略软熟后，加酱油炒匀即可。

烹饪秘笈 猪梅肉七八成熟的标志是变色后再继续用大火煸炒 30 秒左右，肉质微微变硬的状态。

操作步骤 GO

1 将土豆去皮，洗净后切成 2 毫米厚的薄片，放入清水中，将土豆在清水中漂洗两三遍。

2 腊肉也切成和土豆片薄厚及大小差不多的片备用。

3 锅中放油烧至五六成热，将腊肉放入煎至肥肉部分有一些透明后盛出备用。

4 放入葱花爆香，放入土豆片煎熟，看到土豆片有一些微微卷曲就可以了。

5 放入生抽调味炒匀，至土豆入味。

6 最后放入腊肉炒匀，撒香葱粒即可。

烹饪秘笈

由于土豆长时间暴露在空气中容易氧化变色，虽然不影响口味，但是会影响品相和心情，放入水中可以很好地避免。炒制时之所以先放生抽，是因为腊肉中有咸味，并且吸附力比土豆强，所以最好等土豆入味了之后，再放腊肉。另外不要小看这个香葱粒，在这种口味比较咸鲜浓郁的菜肴当中，香葱不论从视觉上还是味觉上，都是画龙点睛的一笔。

厚重之味

土豆腊肉

特色 腊肉裹上了土豆的清香，土豆沾染了腊肉的咸香，放入嘴巴里嚼一嚼，顿时觉得满口生香！每周必吃的一道下饭菜。

主料

土豆 300 克 ● 腊肉 100 克

辅料

生抽 2 茶匙 ● 葱花 8 克 ● 香葱粒 10 克 ● 油 2 汤匙

米饭杀手

萝卜干炒腊肉

特色 特别好吃，特别下饭，而且不怕久放，可以一次多做点，懒了就热热继续吃，一样好吃！

用料一览

主料　萝卜干 80 克 ✽ 腊肉 120 克

辅料　小青尖椒、小红尖椒 各 15 克 ✽ 葱段、姜块 各 15 克 ✽ 蒜末 10 克 ✽ 鸡精 1/2 茶匙 ✽ 老抽 1 茶匙 ✽ 油 3 汤匙

营养贴士

萝卜干富含B族维生素，不仅可以帮助身体促进代谢，而且还可以在一定程度上促进食欲——这道菜开胃的效果就非常明显。不过需要注意的是，这道菜偶尔吃吃就好，因为食材中的盐分比较高，不宜多吃。

1 将萝卜干和腊肉分别切成1~2厘米见方的小丁。葱段、姜块切碎；小青尖椒、小红尖椒洗净切小段。

2 锅中放入足量清水，大火烧煮至温热的时候，取出一些来浸泡萝卜干，去掉其中过多的咸味。

3 等到锅中剩下的水沸后，将腊肉放入再次煮滚，捞出沥干水分，腊肉中的咸度会降低许多。

4 锅中放油烧至五成热，将葱末、姜末、蒜末放入爆香。

5 加入小青尖椒、小红尖椒大火翻炒出香味。

6 放入萝卜干和腊肉，翻炒均匀。

7 加入大约100毫升清水，大火烧制，让二者的味道相互调和一些。

8 加入老抽和鸡精炒匀即可。

烹饪秘笈 根据萝卜干和腊肉的咸度不同，可以自行决定煮制时间的长短。

酸辣开胃

泡椒鸡杂

烹饪时间 10分钟 难度

特色 咀嚼鸡胗的时候，那咯吱咯吱的声音伴着从舌尖窜至舌根的爽辣，顿时让你胃口大开！

主料

鸡胗 400 克 ✽ 泡椒 50 克

辅料

酱油 2 茶匙 ✽ 蒜末 10 克 ✽ 白酒 2 茶匙 ✽ 姜块 15 克 ✽ 八角 1 个 ✽ 油 2 汤匙

操作步骤 GO

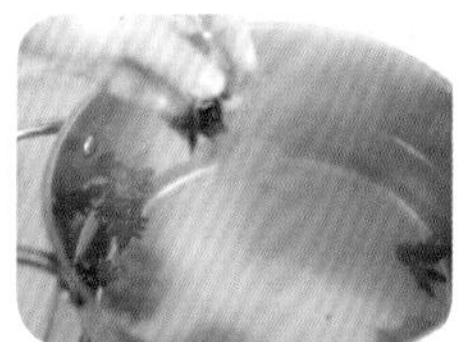

1 锅中放入适量清水，加入姜块、八角煮沸。

2 将鸡胗洗净切成约 3 毫米厚的小薄片。

3 将切好的鸡胗放入沸水中。

4 焯煮 30 秒左右，看到鸡胗变色并且微微变形后捞出。里面的姜块和八角可以帮助去掉一些腥气。

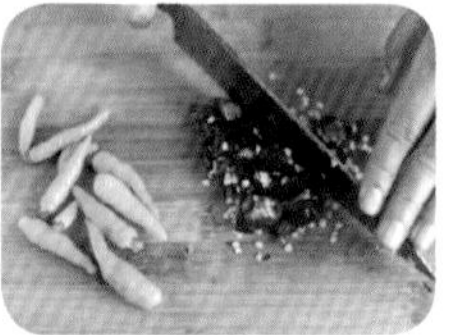

5 泡椒切碎备用。

6 锅中放油烧至七成热，即能看到少许轻微油烟的时候，放入蒜末和泡椒煸香。

7 然后放入鸡胗，淋入白酒大火烹炒，放入酱油，大火快速翻炒均匀即可。

烹饪秘笈 注意泡椒很辣，所以这里的用量可根据自己的口味斟酌。

操作步骤 GO

1 将葱段、姜块、大蒜拍松备用。酸菜切成丝，攥一下挤出多余水分。

2 将带皮五花肉洗净，放入冷水锅中，加入葱段、姜块、大蒜、八角、花椒、香叶，大火煮沸。

3 待猪肉完全变色后，撇去浮沫将其捞出，冲凉水后切成大片，厚度约 3 毫米就可以。

4 锅中放油烧至五成热，将干红辣椒爆香后放入酸菜炒制 1 分钟左右。

5 将煮猪肉的汤放入适量，基本和食材等量就可以，大火煮开。

6 最后放入切好的猪肉，加盐、鸡精、白胡椒粉、香油调味，继续烧制两三分钟即可。

烹饪秘笈

如果在冬天，可以使用砂锅来做这道菜，能更持久地保持热力，吃后身体暖暖的。此菜可用东北酸菜也可用四川酸菜，请根据自己的口味选择。

开胃解腻

酸菜白肉

烹饪时间 30 分钟　难度 /////

特色 酸菜中和了五花肉的肥腻，还给五花肉增添了酸菜的香。热气腾腾的酸菜白肉，在东北人的冬季生活中占有非常重要的餐桌地位。

主料

带皮五花肉 250 克 ● 酸菜 300 克

辅料

葱段、姜块、大蒜 各 15 克 ● 八角、花椒 各 8 克 ● 香叶 1 片 ● 盐、鸡精 各 1 茶匙 ● 干红辣椒 3 根 ● 白胡椒粉 1 克 ● 香油 少许 ● 油 3 汤匙

大名鼎鼎的

宫保鸡丁

 25 分钟 烹饪时间

 难度

特色 鸡肉的鲜嫩配合花生的香脆，入口鲜辣，广受人们的欢迎。在西方国家，宫保鸡丁几乎成了中国菜的代名词，可见其名气之大，影响之广！

用料一览

主料 鸡胸肉 300 克 ✿ 熟花生仁 50 克

辅料 花椒 10 克 ✿ 葱白 30 克 ✿ 干红辣椒 8 根 ✿ 淀粉 少许 ✿ 料酒 2 茶匙 ✿ 盐 1/2 茶匙 ✿ 生抽 1 汤匙 ✿ 蚝油 2 茶匙 ✿ 白砂糖 1 茶匙 ✿ 水淀粉 1 汤匙 ✿ 陈醋 1 汤匙 ✿ 油 5 汤匙

营养贴士

相比牛肉、猪肉等，鸡肉的蛋白质含量相对更高，而脂肪含量较低。不过，这里说的是不带皮的鸡肉，鸡肉大部分的脂肪都集中在鸡皮上，因此建议怕胖的人食用时去掉鸡皮。

1 鸡胸肉先片成2~3厘米的厚片，然后切粗条，再切成大致2厘米见方的小块。葱白也切成大小相仿的方丁。

2 将鸡胸肉加入料酒去腥，加入盐、少许淀粉，用手充分抓拌均匀，静置15分钟左右。

3 锅中放2汤匙油烧至四成热左右，放入熟花生仁，中小火炒至花生仁酥脆香浓，盛出沥油备用。

4 将生抽、蚝油、白砂糖、陈醋、水淀粉混合制成调味汁。将干红辣椒剪成小段，辣椒子留用。

5 锅中放油烧至五成热，即手掌放在上方能够感受到明显热气的时候，放入花椒炸香。

6 然后放入葱白丁和干红辣椒（和子一起），炸至辣椒变色。

7 放入鸡丁翻炒1分钟左右至鸡肉熟透。

8 最后加入调味汁，翻炒均匀即可出锅。

烹饪秘笈

注意炸花生仁不要过火，否则会有一些苦味；炸辣椒也要注意观察，辣椒变色其实很快，千万不要让它变黑，那样香辣的味道全无，就变成煳味了。

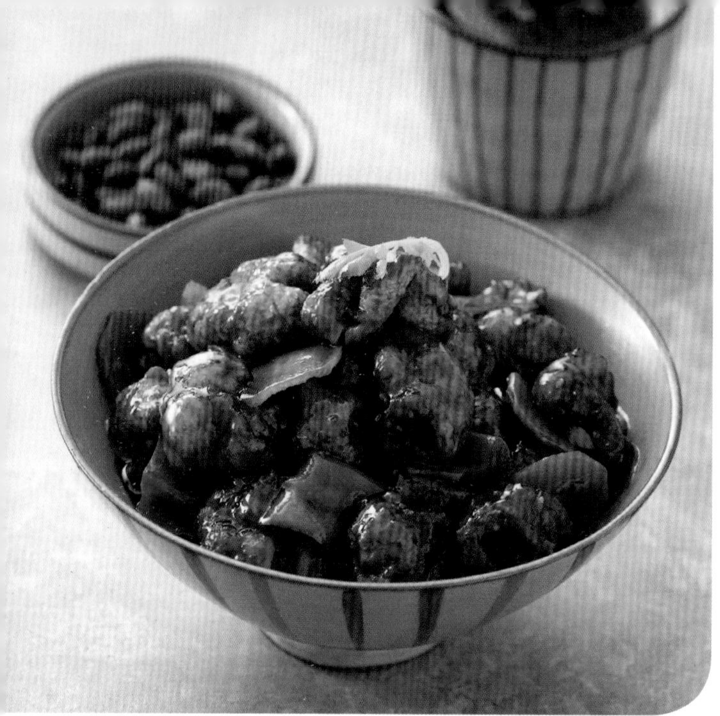

脂肪是美味的根源

熘肥肠

烹饪时间 50分钟 难度 /////

特色 妹妹可能不爱吃，但是汉子们几乎都会爱上这道菜。脂肪是美味的根源，此话不假。

主料

猪大肠 350 克 ● 青椒 1 个 ● 胡萝卜 100 克

辅料

淀粉 适量 ● 姜末、蒜末各 15 克 ● 料酒 2 汤匙 ● 酱油 2 汤匙 ● 老抽 1 茶匙 ● 白砂糖 2 茶匙 ● 陈醋 2 茶匙 ● 水淀粉 2 汤匙 ● 油 500 毫升（实耗约 45 毫升）

操作步骤 GO

1 将猪大肠浸泡后冲洗干净，去掉多余的残渣。

2 然后入水煮熟，捞出来浸凉水，切段备用。段的长度在3厘米左右，以适口为宜。

3 青椒去子洗净，切成方片；胡萝卜洗净切片备用。

4 将料酒、酱油、老抽、白砂糖、陈醋放在一起制成调味汁备用。

5 锅中放油烧至五成热，将大肠段裹上一层淀粉，入锅用中大火力炸至焦黄定型，捞出沥油备用。

6 锅中留少许油，爆香姜末、蒜末后，放入胡萝卜和青椒翻炒 1 分钟左右。

7 放入炸好的肥肠，加入调味汁炒匀，并将调味汁逐渐收浓。

8 最后淋入水淀粉勾芡即可。

烹饪秘笈 自己家烹饪可以买处理干净的猪大肠，否则处理起来非常麻烦。

操作步骤 GO

1 烧开一锅沸水；同时将牛百叶切成宽度在5毫米左右的条；香菜洗净去根后，切成寸段备用。

2 将盐、鸡精、白胡椒粉、水淀粉放在一起充分搅拌均匀，直至盐和鸡精充分溶解，制成调味汁。

3 在沸水中加入料酒，然后立刻将牛百叶放入大漏勺中，入水烫熟，放在一旁沥干水分备用。

4 锅中放油烧至七成热，即能看到轻微油烟的时候，将牛百叶和香菜一同放入。

5 放入调味汁，大火快速翻炒均匀。

6 为了保证牛百叶的口感，一定要猛火快炒，时间最好控制在20秒以内，调味汁裹匀后马上出锅。

烹饪秘笈

汆烫百叶一定要每次汆烫1秒以内，重复5~7次，看到牛百叶上面的毛刺基本立起来了就可以了。

一清二白

芫爆百叶

特色 百叶洁白，香菜碧绿，可谓"既爽口、又养眼"。当然下饭也十分适宜，做法更是简单方便。

主料

牛百叶250克 ● 香菜50克

辅料

料酒2汤匙 ● 盐、鸡精 各1/2茶匙 ● 白胡椒粉2克 ● 水淀粉2汤匙 ● 油3汤匙

特色 土豆已经很好吃了，加上点猪肉，味道会更上一层楼吗？答案是肯定的。

绝对一顿吃光

过油肉土豆片

烹饪时间 10 分钟　难度

用料一览

主料　猪里脊肉 250 克 ● 土豆 300 克 ● 青椒 1 个

辅料　蚝油 1 汤匙 ● 酱油 2 汤匙 ● 料酒 1 汤匙 ● 五香粉 少许 ● 淀粉 适量 ● 姜片 10 克 ● 油 100 毫升

快手小炒

营养贴士

土豆中富含膳食纤维，能够带来饱腹感，而它的热量还不如大米高，只要少放一些油，就根本不用担心发胖。土豆中也含有大量的钾，对于预防中风也有不错的效果。

1 土豆去皮洗净，切成扇形大片；猪肉洗净切成片；青椒去带去子洗净后，切成片备用。

2 猪里脊肉用蚝油、料酒、五香粉抓匀，然后加入适量淀粉，抓匀上浆入味。

烹饪秘笈

土豆炸一炸的口感更佳，味道也更香。但是要注意，初次炸制的时间不宜过久，否则等到再次下锅的时候，轻轻一炒就碎了，影响口感和品相。

3 锅中放油烧至七成热，先将土豆放入，大火炸制 40 秒左右，捞出沥油。

4 锅中留油，将姜片爆香后，放入猪里脊肉，炸至变色定型。

5 然后放入青椒、土豆，炒至青椒断生。

6 最后淋入酱油炒匀即可。

找不到鱼的

鱼香肉丝

特色 此菜与鱼并不沾边，由于是模仿四川民间烹鱼所用的调料和方法，故取名“鱼香”。成菜色泽红润，肉嫩质鲜，咸甜酸辣兼备，富有鱼香味。

用料一览

主料 猪里脊肉 300 克 ● 冬笋 150 克 ● 干木耳 8 克（需用温水泡发）● 青椒 50 克（去子洗净后）

辅料 鸡蛋 1 个 ● 姜末、蒜末 各 8 克 ● 白砂糖 2 茶匙 ● 水淀粉 1 汤匙 ● 酱油 1 汤匙 ● 香醋 2 汤匙 ● 料酒 1 汤匙 ● 剁椒碎 2 汤匙（可提前剁细增加香味）● 淀粉少许 ● 鸡精 1/2 茶匙 ● 油 5 汤匙

营养贴士

冬笋不仅口感鲜嫩，而且富含膳食纤维，具有润肠通便的功效，能促进人体排出体内淤积的毒素，让你通体畅快。当然，也要加强运动，让身体真正“活”起来。

1 将鸡蛋在手中摇晃几下，在碗中磕开打散，摇晃可以让残留在蛋壳上的蛋液乖乖地到你的碗中。

2 将猪肉切成 4~5 厘米长，5 毫米粗细的丝。

3 在猪肉中加入料酒、蛋液、淀粉充分抓拌 3~5 分钟，然后静置片刻。

4 冬笋、青椒、木耳分别洗净切丝。白砂糖、酱油、香醋、鸡精、水淀粉搅拌均匀制成调味汁。

5 锅中放 3 汤匙油烧至三四成热，将猪肉丝放入，滑至肉丝表面全部变成灰白色，盛出备用。

6 锅中重新放入剩余的油，烧至五成热，将姜末、蒜末爆香，放入剁椒碎炒出香味。

7 放入肉丝、青椒丝、笋丝、木耳丝，大火翻炒两三分钟。

8 最后淋入调味汁迅速翻炒均匀，看到芡汁变浓后即可。

烹饪秘笈

注意抓拌猪肉时，蛋液不必全部用完，在肉丝上附着一层就可以，淀粉也一样，能薄薄地和蛋液形成一层浆液裹在肉丝上就可以。

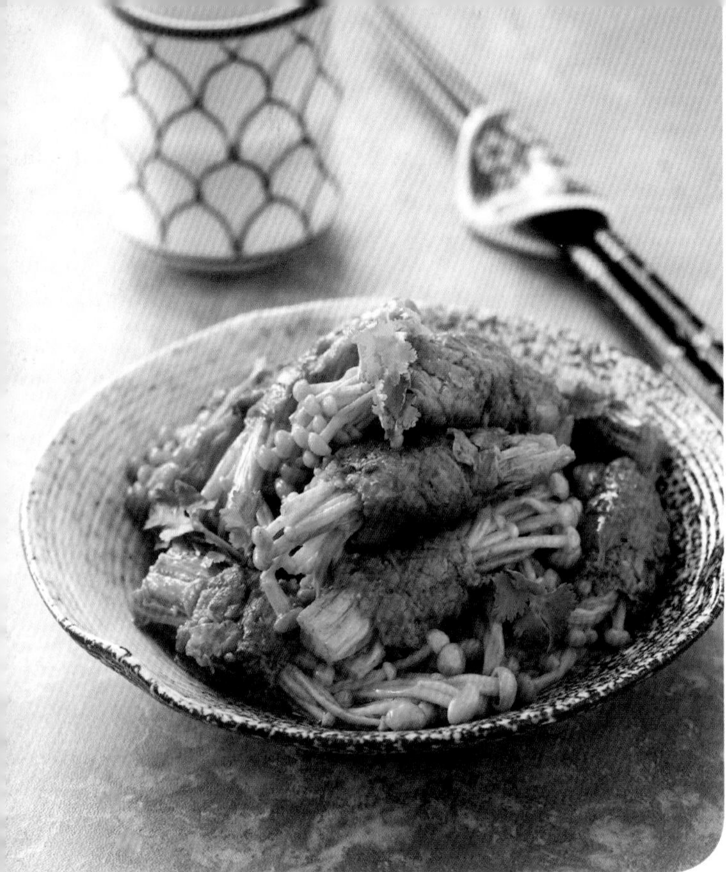

特别适合初学者

金针菇肥牛卷

烹饪时间 15分钟　难度 /////

特色 听着挺复杂，其实很适合初学者的一道料理，哪怕做砸了，但只要熟了都好吃的一道菜。

主料

金针菇 100 克 ● 肥牛片 100 克

辅料

蚝油 3 汤匙 ● 酱油 2 汤匙 ● 白糖 1 茶匙 ● 黑胡椒粉 2 克 ● 橄榄油 适量

操作步骤 GO

1 将金针菇去根，拆散洗净；肥牛片直接购买涮火锅用的肥牛肉即可。

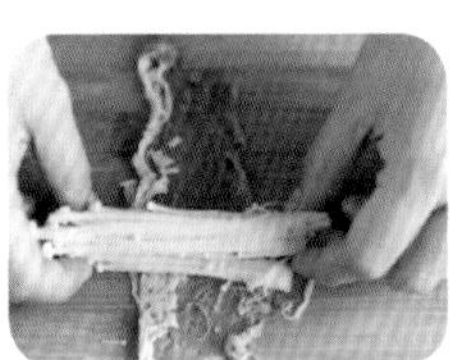

2 将肥牛肉铺平，中间放上适量金针菇。

3 然后将肥牛片卷起，制成金针肥牛卷。

4 将蚝油、酱油、白糖、黑胡椒粉加入少许清水，充分搅拌均匀，注意白糖要完全溶解。

5 平底锅中放入适量橄榄油，油量大约铺满整个锅底就可以，烧至四成热时放入金针肥牛卷。

6 将一面煎至变色后，翻面煎至食材熟透，分次淋入调味汁，中小火继续煎烧至食材微焦且入味即可。

烹饪秘笈

这个调味汁比较容易煳锅，所以不宜一次全部放入，可以分次加入，慢慢让其渗透食材。并且注意煎烧的时候，要勤加翻动。

03章

隆重大餐

当把烧得入口即化、肥而不腻、晶莹欲滴的红烧肉一口咬到嘴巴里，再搭配一大口白米饭，顿感满口生香，欲罢不能。这是站在食物链顶端的人类才能享受到的幸福和满足吧？减肥的女子，平时克制饮食，偶尔也需要来顿大餐让自己振奋精神，才能继续努力；而操劳的男子，更需要大口吃肉让浑身充满能量，才能在艰难的道路上继续奋斗。不妨放纵一次吧，在这饕餮盛宴中尽享美味，这样的人生才有趣味！

浓油酱赤的诱惑

红烧排骨

烹饪时间 80分钟 难度

特色 把一大块红烧排骨夹到米饭上，那红白相间的诱人颜色，那入口流汁的鲜嫩口感，这就是赤裸裸的诱惑吧。

用料一览

主料 猪肋排750克（商贩代劳切小块）

辅料 蚝油1汤匙 ● 红烧酱油35毫升 ● 绍酒2汤匙 ● 姜片15克 ● 油3汤匙

营养贴士

比起没有骨头的猪肉，排骨中的钙含量毫无悬念地提升了一大截，无论是炖汤还是做菜，排骨都能为你提供丰富的钙质。如果你使用的是腔骨，更不要放过部分大块骨头中的骨髓哦！

操作步骤 GO ▶

1 将肋排用清水冲洗干净。

2 将肋排用蚝油、1 汤匙绍酒搅拌均匀，腌制 1 小时左右。

3 锅中放油烧至五成热，将姜片放入煸炒 15 秒左右，让姜的香气先飘出。

4 然后放入排骨反复煸炒。

5 勤加翻炒至排骨完全变色，大致需要 2 分钟，此时姜的香气已经基本中和了排骨中的腥气。

6 倒入与排骨的用量基本相同的清水（最好是开水）。

7 加入红烧酱油、剩余的绍酒搅拌均匀，大火烧开后转中小火炖烧。

8 最终直至汤汁收干即可。

烹饪秘笈

可以在刚开始炒制姜片的同时，烧上一壶水备用，烧排骨的时候放开水，成菜口感更佳；注意排骨在初期有点易粘锅，需要充分翻炒，此外姜的放入对防止粘锅也有帮助。

别有一番滋味在心头

糖醋排骨

烹饪时间 60 分钟　难度 /////

特色 和土豆一样，排骨真是怎么做都好吃。如果你吃腻了红烧做法，不妨试试糖醋口味。同是排骨，做法不同，滋味迥异。但不管怎么做，都有一番销魂滋味。就好比环肥燕瘦，各有千秋。

用料一览

主料　肋排 750 克

辅料　冰糖 20 克 ✿ 盐、鸡粉 各 1/2 茶匙 ✿ 姜片、蒜片 各 10 克 ✿ 料酒 2 汤匙 ✿ 生抽 2 汤匙 ✿ 香醋 3 汤匙 ✿ 老抽 2 茶匙 ✿ 五香粉 1/2 茶匙 ✿ 油 500 毫升（实耗约 45 毫升）

营养贴士

在醋的作用下，排骨中的磷酸钙、骨胶原等物质变得更容易被吸收。如果你的牙口不错，建议碰到嚼得动的脆骨一概吃掉！在肋排的尖部，这样的脆骨很多。

操作步骤 GO

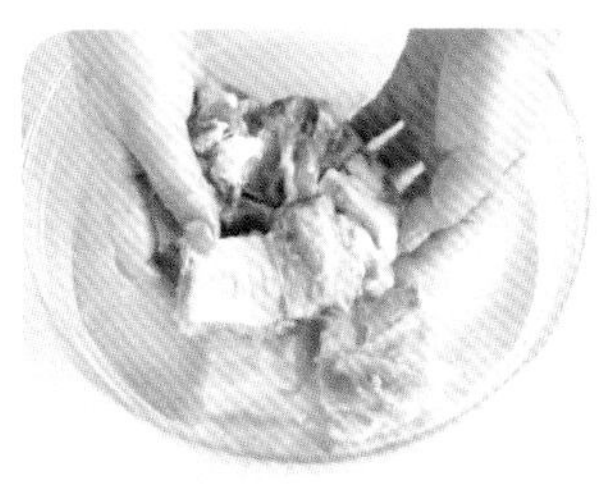

1 将排骨请商贩代劳切为7厘米左右的小段，然后泡净血水。捞出沥干水分备用。

2 在排骨中加入盐、鸡粉、1汤匙料酒腌制，使排骨有个底味。

3 锅中放油烧至六成热，将肋排放入，中火炸制。避免过高火力使油温过高，一下将排骨炸煳。

4 将排骨炸至微微焦黄后捞出沥油。

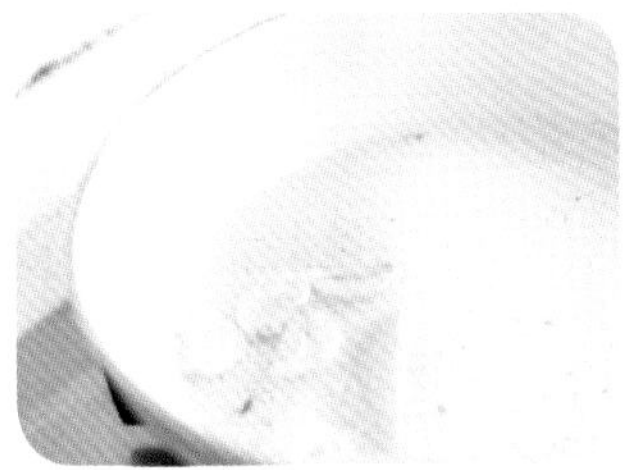

5 锅中留下少许油，保持与刚才一致的油温，爆香姜片、蒜片。

6 放入排骨翻炒1分钟。

7 加入与排骨等量的清水，加生抽、老抽、1汤匙香醋、1汤匙料酒，以及五香粉、冰糖，大火煮开转小火。

8 在汤汁基本收干后，淋入剩下的香醋再翻炒15秒左右即可。

烹饪秘笈

香醋容易挥发，所以不宜一上来全部放入，留一部分最后放入就可以了。

可以当零嘴吃

椒盐排条

特色 夜宵的时候给自己来一盘热腾腾的椒盐排条，就着一杯啤酒喝下去，真的是对自己莫大的宠爱。

用料一览

主料 猪里脊肉300克

辅料 鸡蛋1个 ● 面粉、面包糠 各适量 ● 盐、鸡粉 各1/2茶匙 ● 白胡椒粉2克 ● 葱姜蒜粉2克 ● 花椒盐适量 ● 香菜2根 ● 油500毫升（实耗约50毫升）

隆重大餐

营养贴士

排骨上的脂肪含量比较少，但是经过油炸之后，油脂含量会增加。吃这道菜，建议搭配一道小凉菜，可以是富含膳食纤维的芹菜花生，也可以是解油腻的油醋汁沙拉。

操作步骤 GO

1 将猪里脊肉切成1厘米粗，4~5厘米长的粗条。

2 在猪里脊肉中撒入盐、鸡粉、白胡椒粉和葱姜蒜粉进行腌制。

3 香菜洗净切碎。鸡蛋打散成蛋液，与面粉混合，加入适量水制成面糊。

4 锅中放油烧至五成热，将腌好的猪肉裹上薄薄一层面糊，再裹上一层面包糠。

5 将猪肉放入锅中炸至定型，捞出备用。

6 提高火力，将油温提升至八成热，将炸好的排条再次放入，炸至表面金黄焦脆后盛出沥油。

7 均匀地撒入花椒盐，或者将花椒盐做成蘸碟，放在一旁。

8 均匀地撒入香菜碎即可。

烹饪秘笈 腌制时要尽量用手抓拌，促进调料深入肉的肌理。炸两遍的意义在于：第一遍炸熟，第二遍炸得外焦里嫩。

老饕的心头好

红烧猪手

特色 香滑可口、肥而不腻，令人唇齿留香，百食不厌，真是满足胃口、抚慰灵魂的美味佳肴！

用料一览

主料 猪蹄1个（切块）✽白萝卜200克

辅料 姜片20克✽草果1个✽八角1个✽葱段20克✽冰糖20克✽生抽2汤匙✽盐、鸡精 各1/2茶匙✽老抽2茶匙✽五香粉1/2茶匙✽料酒2汤匙✽油3汤匙

营养贴士

猪蹄中含有丰富的胶原蛋白，它能有效改善皮肤组织细胞的储水功能，保持皮肤滋润状态，缓解皱纹，增强肌肤弹性。而白萝卜和猪蹄也是非常好的营养搭配，此外，你也可以加入黄豆，使这道菜的营养更全面。

操作步骤 GO

1 将猪蹄洗净放入清水中，加姜片、葱段及1汤匙料酒，大火煮开，撇去浮沫。同时备一锅冷水。

2 将猪蹄煮制色泽变白之后，捞出浸入冷水中紧一下。用镊子将猪蹄上没有处理干净的毛夹掉。

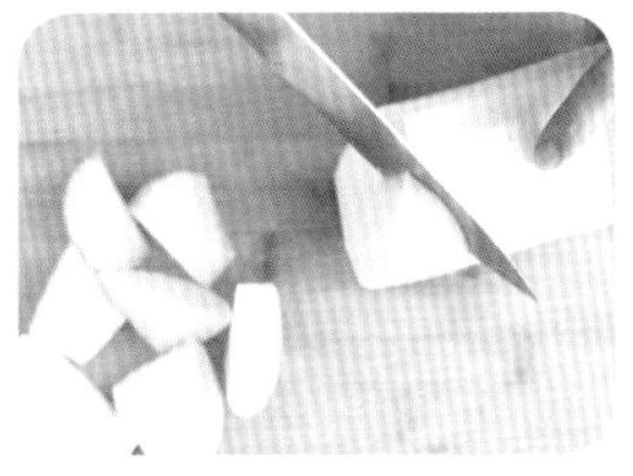

3 白萝卜去皮洗净，切成滚刀块备用。

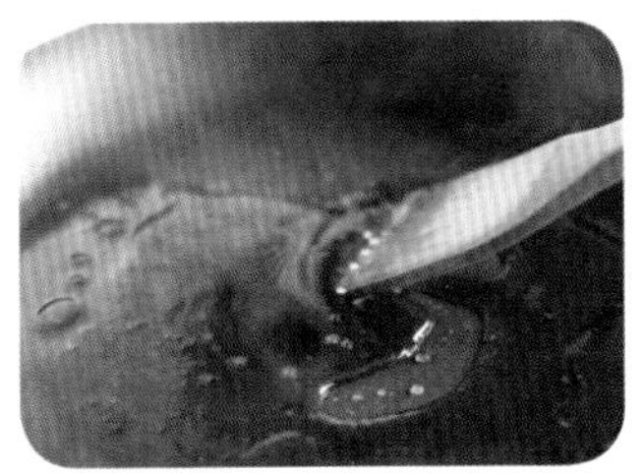

4 锅中放油烧至三成热，将冰糖放入，用中小火慢慢将其熬制成棕黄色的糖汁。

5 将猪蹄放入，中火煸炒，使猪蹄能够尽量均匀地裹匀糖汁。

6 倒入生抽、老抽、五香粉、剩下的料酒，再加入白萝卜翻炒均匀。

7 加入清水，量大致能够没过猪蹄就可以，然后放入草果、八角、盐、鸡精，大火煮开。

8 最后转小火收浓汤汁即可。用普通的锅具虽然可以做出这道菜，但是如果家里有高压锅，做这道菜的时间会大大缩短，口感也会变得更为软香弹牙。

烹饪秘笈

熬制糖汁需要耐心和细心，糖会慢慢溶解（为了加速溶解，可将冰糖敲碎），变成棕色糖汁后要立刻进行下面的步骤，火候稍稍过一点，就会煳锅。

味蕾上的舞蹈

水煮肉片

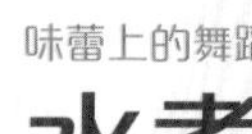

特色 又麻又辣，忍不住再三添饭。节食？减肥？通通见鬼去！遇见这道菜，怎能停下筷？美味，就是这么无法阻挡！

用料一览

主料 猪瘦肉 300 克（或者用牛里脊也可以）● 生菜叶 80 克（从包心生菜上剥下的叶子）

辅料 葱段、姜片 各 15 克 ● 蒜末 20 克 ● 八角 1 个 ● 花椒、麻椒各 15 克 ● 干红辣椒 4 根 ● 郫县豆瓣酱 4 茶匙 ● 辣椒面 1 汤匙（干辣椒制成的粗糙的辣椒面，而非细细的粉末状）● 盐 1 茶匙 ● 鸡汁 1 汤匙 ● 白酒 1 茶匙 ● 白胡椒粉 1/2 茶匙 ● 油 100 毫升

营养贴士

水煮肉比较辣，可以搭配麻酱油麦菜，或者糖拌西红柿，这两道菜不仅可以去除油腻，并且能够有效解辣，增加维生素C的供应，促进新陈代谢，防止吃完辣后脸上长痘痘。

操作步骤 GO ▸

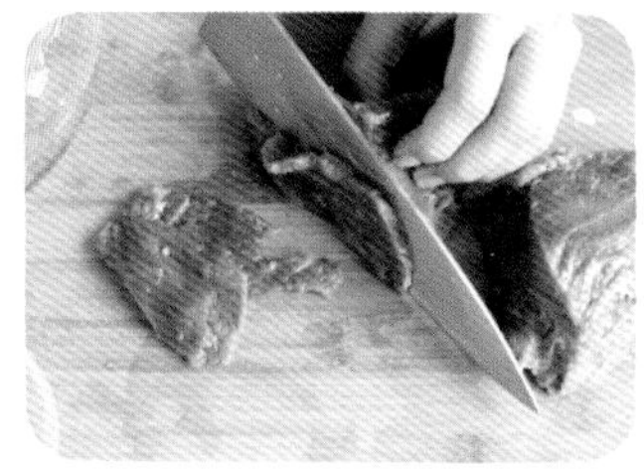

1 将猪瘦肉切大片，用2克盐和白酒抓匀。生菜叶洗净撕大片，放在盆底；干红辣椒剪成小段备用。

2 锅中放入一半的油烧至五成热，将葱段、姜片、干红辣椒、八角煸香。另烧适量开水备用。

3 放入郫县豆瓣酱，中火炒出红油和香气。

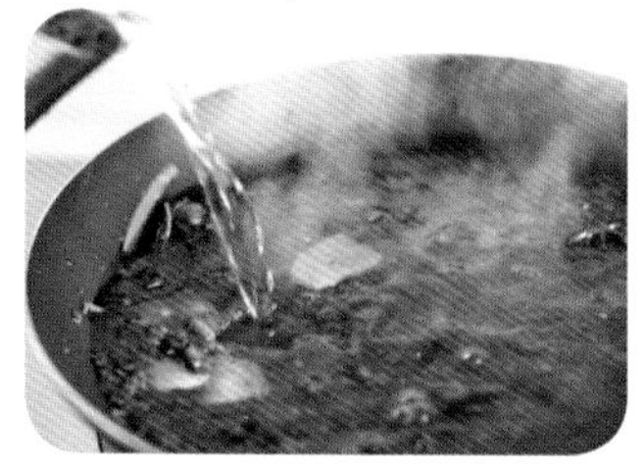

4 倒入开水，加入鸡汁、白胡椒粉及剩下的盐调匀。

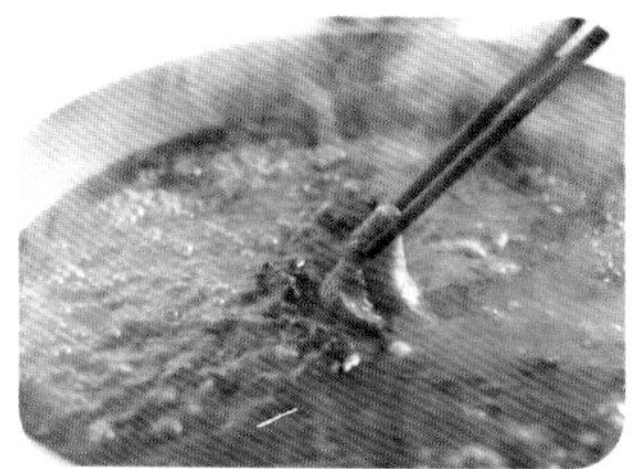

5 在汤汁保持滚沸的同时，将猪肉片逐片放入，注意最好不要一股脑放入，以便保持汤的温度。

6 肉片熟后，连汤带肉一起盛入装有生菜的盆中，这样生菜经过这么一烫也就熟透了。

7 将辣椒面、蒜末、麻椒堆在最上面。

8 净锅放入剩下的油，加入花椒，中小火加热至花椒粒变黑，浇入盆中立刻搅匀即可。

烹饪秘笈

最后的花椒油一定要等到椒香四溢的时候再起锅，同时最好准确地将热油浇在辣椒面、蒜末、麻椒堆上，刺啦一声后，就可以闻到更香的味道。

令人留恋不舍的人间烟火

红烧肉

60分钟 烹饪时间 难度

特色 "慢着火，少着水，火候足时它自美。每日早来打一碗，饱得自家君莫管。"苏东坡的这首《食猪肉》诗，尽得红烧肉的烹饪之道，充满了人间烟火气息。

用料一览

主料 五花肉 400 克

辅料 冰糖 20 克 ● 姜片 15 克 ● 料酒 3 汤匙 ● 酱油 1 汤匙 ● 红烧酱油 35 毫升 ● 五香粉 1/2 茶匙 ● 油 3 汤匙

营养贴士

很多人一上来就把红烧肉当成不健康的菜品来看待，其实是有误区的。红烧肉如果烧得好，可以把很多油脂烧融掉，这样脂肪就减少了很多。嘴巴馋了就该让身心好好满足下，大口吃上几块肉，才是健康惬意的人生。总是抑制自己的欲望，反而会适得其反哦。

操作步骤 GO

1 将五花肉切成麻将牌大小的块，然后用1汤匙料酒腌制抓匀。

2 锅中放油烧至五成热，先放入姜片爆香，同时旁边另准备小半锅清水，烧开备用。

3 将五花肉放入锅中，中火煸炒，表面变色后烹入剩余料酒，炒至肉边缘微焦后盛出，姜片盛出留用。

4 锅中留油，转小火，然后放入冰糖，慢慢熬化，成为棕黄色的糖汁。

5 放入五花肉炒糖色，让肉块迅速裹匀糖汁。

6 此时水应该已经开了，将水倒入锅中继续大火烧煮。

7 加入酱油、红烧酱油、五香粉和刚才的姜片。

8 小火烧至汤汁收浓即可。

烹饪秘笈 当然，如果一开始就用砂锅煮好沸水，然后将肉移入砂锅中用砂锅煲炖，效果更好。

传统名菜自淮扬

清炖狮子头

烹饪时间 120 分钟　难度

特色 软糯滑腻，清香味醇。能独自享受一个大大的狮子头真的是太幸福了，打死也不愿意和别人分享啊。

用料一览

主料 猪肉 500 克（肥瘦相间，肥三瘦七最好）✽ 冬笋 50 克 ✽ 鸡蛋 1 个 ✽ 藕 40 克

辅料 水淀粉适量 ✽ 葱段、姜块 各 20 克 ✽ 花雕酒 2 汤匙 ✽ 小油菜 2 棵（放入清水中浸泡后洗净）✽ 高汤适量 ✽ 盐、鸡精 各 1 茶匙 ✽ 油 1 汤匙

营养贴士

一个狮子头就可以下一碗饭，既有肉的香，又有笋的鲜，不仅营养丰富，还满足了口腹之欲。狮子头里面的冬笋，不仅让口感更鲜美，也让热量减少了不少。更何况炖的过程中可以逼出很多油脂，多吃一两个也无妨。

操作步骤 GO

1 先将猪肉切成片，进而切成条，最后切成碎粒。自己切的肉馅绝对比绞肉机制出的要好吃数倍。

2 冬笋和莲藕分别洗净切成碎粒。如果喜欢的话，还可以切点香菇碎粒。

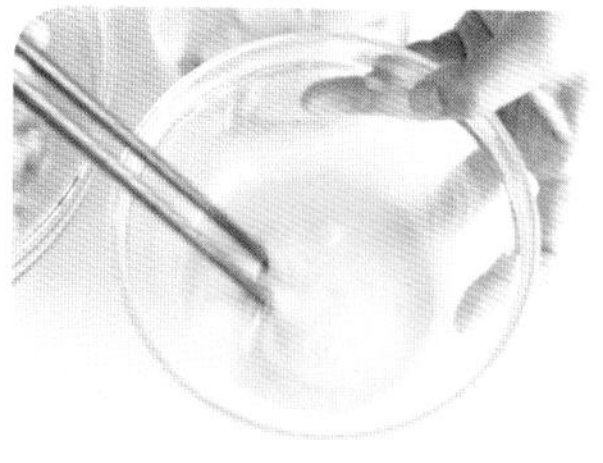

3 将葱段、姜块用刀拍松，放在小碗中捣碎挤出汁，混少许清水制成葱姜水。另将鸡蛋打散备用。

4 碗中放入剁好的肉馅、葱姜水、冬笋粒、莲藕粒、鸡蛋液，加入盐、鸡精、花雕酒搅拌均匀。

5 在肉馅中分数次加入水淀粉，顺着一个方向搅打肉馅，直至肉馅起胶上劲。

6 将肉馅制成100~150克大小一个的肉团，在手上涂少许油，双手反复轻轻团捏。

7 锅内将水烧沸。取炖盅，将炖盅内放入适量高汤。

8 将肉团和青菜一起放入炖盅，隔水炖制熟透即可。

烹饪秘笈

家中一般不会常备高汤，可以借助市场上售卖的高汤底料来调配一些，或者用适量鸡精调制简易高汤。

花样叠出的下饭菜

面筋塞肉

特色 肉馅吃腻了，就试试这款面筋塞肉，咬一口，饱满的汁水流淌在米饭上，一个就可以下一碗饭。

用料一览

主料 油面筋 10~15 个 ● 猪腿肉 300 克（肥瘦相间）

辅料 酱油 1 汤匙 ● 老抽 2 茶匙 ● 生抽 2 汤匙 ● 五香粉 2 克 ● 香油 1 茶匙 ● 白砂糖 1 茶匙 ● 葱末、姜末各 8 克 ● 料酒 2 汤匙

营养贴士

面筋塞肉这种烹饪方法，可以避免煎炒烹炸所带来的油脂摄入过量。如果想营养均衡，建议这道菜搭配一两道蔬菜一起吃，保证蛋白质、维生素、膳食纤维等的全面摄入。

操作步骤 GO

1 将猪腿肉微微冻硬后，取出先切片，片要薄，然后再切成丝。

2 将其慢慢剁成肉馅，注意剁的时候要有耐心，不要急于一时。

3 将肉馅用酱油、香油、葱末、姜末、料酒搅拌均匀，静置20 分钟左右至其入味。

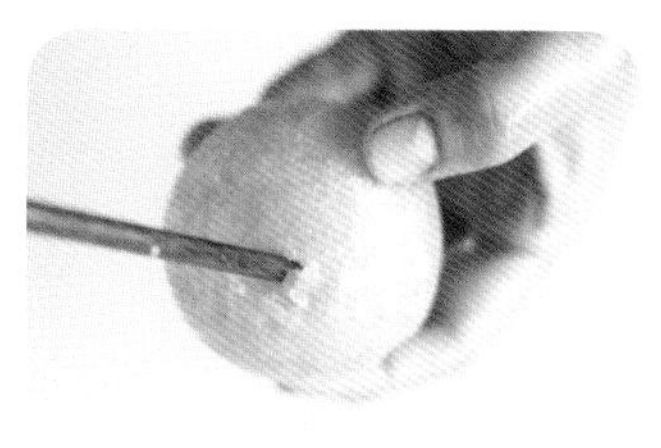

4 将油面筋用筷子在上方扎开，但不要扎漏。

5 用筷子在面筋内部搅动几下，清出一部分内部空间。

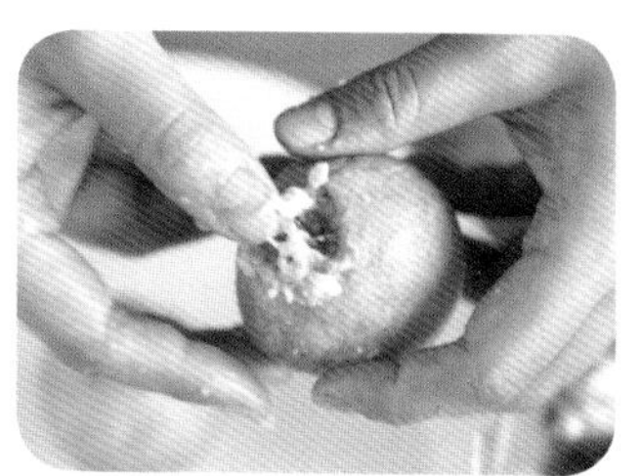

6 将肉馅从扎开的口子中慢慢塞入。

7 锅中烧开 1~2 升水，将塞好的油面筋放入。加入生抽、老抽、白砂糖、五香粉，搅拌均匀。

8 大火煮开后转小火，直至汤汁收浓，被面筋完全吸收即可。

烹饪秘笈

自己制作的肉馅更为好吃，如果想要图省事，也可以购买现成的肉馅，注意要肥瘦相间。

充满爱的味道

锅包肉

20分钟 烹饪时间 难度

特色 酸酸甜甜，如同初恋的味道，一尝就再也忘不掉。要抓住他/她的心，就赶紧学会吧！

用料一览

主料　猪里脊300克 ✽ 胡萝卜25克

辅料　淀粉 适量 ✽ 白糖2汤匙 ✽ 白醋3汤匙 ✽ 葱丝、姜丝、蒜末 各8克 ✽ 香菜15克 ✽ 盐2克 ✽ 料酒1汤匙 ✽ 蛋清 适量 ✽ 油500毫升

营养贴士

这是一道用瘦肉却做出丰腴甜美口感的好料理，蔬菜和肉食相得益彰，搭配得当。挂浆的烹饪方法，使得即便油炸，也不至于吸太多的油。一个月吃几次，一点问题都没有。

操作步骤 GO

1 里脊肉切成3~5毫米厚的片，加入盐和料酒抓拌均匀去腥，腌制一会儿。

2 胡萝卜洗净后切丝，香菜择洗干净后切成寸段。

3 用蛋清和淀粉给肉片上浆备用。浆的厚度不要太薄。

4 锅中放油烧至六成热，将肉片逐片放入炸制。

5 肉片浮起，基本定型后，捞出沥油备用。

6 将油温提升至八成热左右，将肉片再次放入，快速炸制半分钟以内，至色泽金黄，捞出沥油。

7 净锅放入白糖、醋，小火熬化，搅匀制成酸甜汁。

8 锅中放入少许油烧热后，爆香葱姜蒜，加入胡萝卜、香菜、肉片、酸甜汁炒匀即可。

烹饪秘笈

这道菜注意肉片要有一定的厚度，否则很容易被炸干炸硬。此外，油炸之后，厨房瓷砖上会残留油渍，用艾禾美小苏打进行清洗会更环保、更洁净、更方便。

客家传统名菜

梅菜扣肉

90 分钟 难度

特色 颜色酱红油亮，汤汁黏稠鲜美，扣肉滑溜醇香，食之软烂可口、肥而不腻，又一道让人欲罢不能的下饭菜！

用料一览

主料　五花肉 350 克 ● 梅干菜 150 克

辅料　姜 10 克 ● 冰糖 20 克 ● 生抽 2 茶匙 ● 老抽 2 茶匙 ● 料酒 2 茶匙 ● 白糖 1/2 茶匙 ● 鸡粉 1/2 茶匙 ● 盐 适量 ● 油 适量

营养贴士

丁聪老人家就爱吃肥肉，活到了九十多岁。一点梅菜扣肉就能吓住你吗？纯朴的梅菜不但为扣肉增添了滋味，更吸纳了扣肉流出的油脂，让扣肉肥而不腻。这是中华料理的烹饪秘诀与养生之道的完美结合。

操作步骤 GO

1 梅干菜放入清水中泡开；姜洗净切片，放入沸水锅中，放入五花肉焯烫至变色后捞出，擦干表面水分。

2 老抽、料酒、盐和1茶匙生抽放入碗中调匀，均匀地抹在五花肉上，腌制至少1小时。

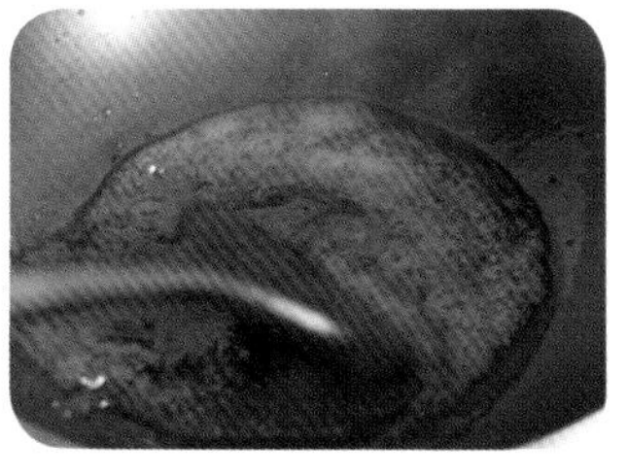

3 锅中放油烧至四成热，放入冰糖小火慢慢熬化制成糖色。

4 五花肉皮向下入锅煎至焦黄色，翻面将整块肉煎至焦黄，淋糖汁，盛出晾凉切片，皮向下码入碗中。

5 泡好的梅干菜挤去水分备用；锅中留油，将梅干菜炒散，调入白糖、鸡粉、剩下的生抽炒匀后盛出。

6 将梅干菜在肉片中交替填放，剩余的梅干菜覆盖在最上面，压实。上锅蒸1小时以上。

7 关火闷5分钟左右后将碗取出，将平盘盖在碗上。

8 双手分别按住碗和盘，将碗倒扣过来，再将碗取下即可。

烹饪秘笈 蒸好后最好不要立刻开盖出锅，让肉在里面再闷一会儿，让蒸汽再凝结一下，肉的味道会更醇厚。

天冷了来碗

牛腩炖萝卜

特色 “冬吃萝卜夏吃姜”，这道牛腩炖萝卜清润进补，去燥顺气，非常适合在寒冷干燥的冬天食用。

用料一览

主料 牛腩 300 克 ✱ 白萝卜 500 克

辅料 香葱段 15 克 ✱ 酱油 2 汤匙 ✱ 盐、鸡精 各 1/2 茶匙 ✱ 葱段、姜片各 10 克 ✱ 白砂糖 1/2 茶匙 ✱ 五香粉 2 克 ✱ 料酒 2 汤匙 ✱ 油 3 汤匙

营养贴士

这道菜真是再滋补不过了。牛肉具有养气血、悦容颜的功效，萝卜则滋阴补气、润肺化痰。这道菜非常适合在秋冬季节食用。

操作步骤 GO

1 将牛腩洗净切成3厘米左右见方的大块，白萝卜去皮洗净切成滚刀块。

2 准备一锅清水，将牛腩放入，开大火煮开，将浮沫撇去。

3 牛腩捞出沥水备用。

4 锅中放油烧至五成热，即手掌放在上方能感觉到明显热气的时候，将葱段、姜片放入爆香。

5 然后放入牛腩，加入酱油、白砂糖和五香粉翻炒均匀。

6 加入白萝卜炒匀。

7 然后再加入清水，水量大致能够没过食材就可以。

8 加入料酒、盐、鸡精，大火煮开后，转小火炖制牛腩熟烂，汤汁收浓即可，出锅后撒入香葱段。

萝卜可以换成土豆、海带、藕块等耐煮的食材。做好了可以速冻在冰箱里，想吃的时候取一袋化开，味道和新做出来的一样。

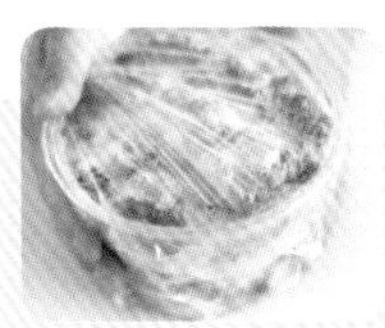

御寒暖身

土豆烧牛肉

烹饪时间 80分钟　难度

特色 在古代就被奉为压席大菜的一道美味，流传到现在，依然经典，饭桌上必须要经常出现的好菜。

用料一览

主料　小土豆350克 ● 牛腩300克

辅料　花椒5克 ● 八角1个 ● 桂皮2克 ● 盐1茶匙 ● 酱油2汤匙 ● 鸡精1/2茶匙 ● 老抽1茶匙 ● 豆瓣酱2茶匙 ● 干红辣椒2根 ● 葱段、姜片各8克 ● 料酒2汤匙 ● 油2汤匙

营养贴士

土豆是蔬菜里的极品好食材，土豆吸收了牛肉的滋味，口感绵软，味道香浓，是一道下饭的好菜。牛肉富含蛋白质，土豆富含碳水化合物，因此，吃这道菜时，最好搭配一盘富含膳食纤维和维生素的蔬菜，使营养摄入更均衡。

操作步骤 GO

1 将小土豆去皮洗净，切成滚刀块。

2 将土豆浸入清水中备用，这样可以防止土豆在空气中氧化变色。

3 牛肉在清水中泡净血水，然后切成和土豆差不多大小的块。

4 锅中放油烧至五成热，将葱段、姜片爆香。

5 然后放入牛肉，翻炒至牛肉基本定型、表面变色。此时放入土豆。

6 放入没过食材的清水，大火烧煮。

7 加入盐、酱油、鸡精、豆瓣酱、老抽、料酒、干红辣椒、花椒、八角、桂皮，大火煮开。

8 最后转小火慢炖，直至牛肉熟烂。这个步骤可以放在高压锅里进行，速度更快，效果更佳。

烹饪秘笈 由于这道菜追求的是土豆的绵软，所以不用在一开始将淀粉都洗掉。浸入清水是为了防止土豆氧化变色。

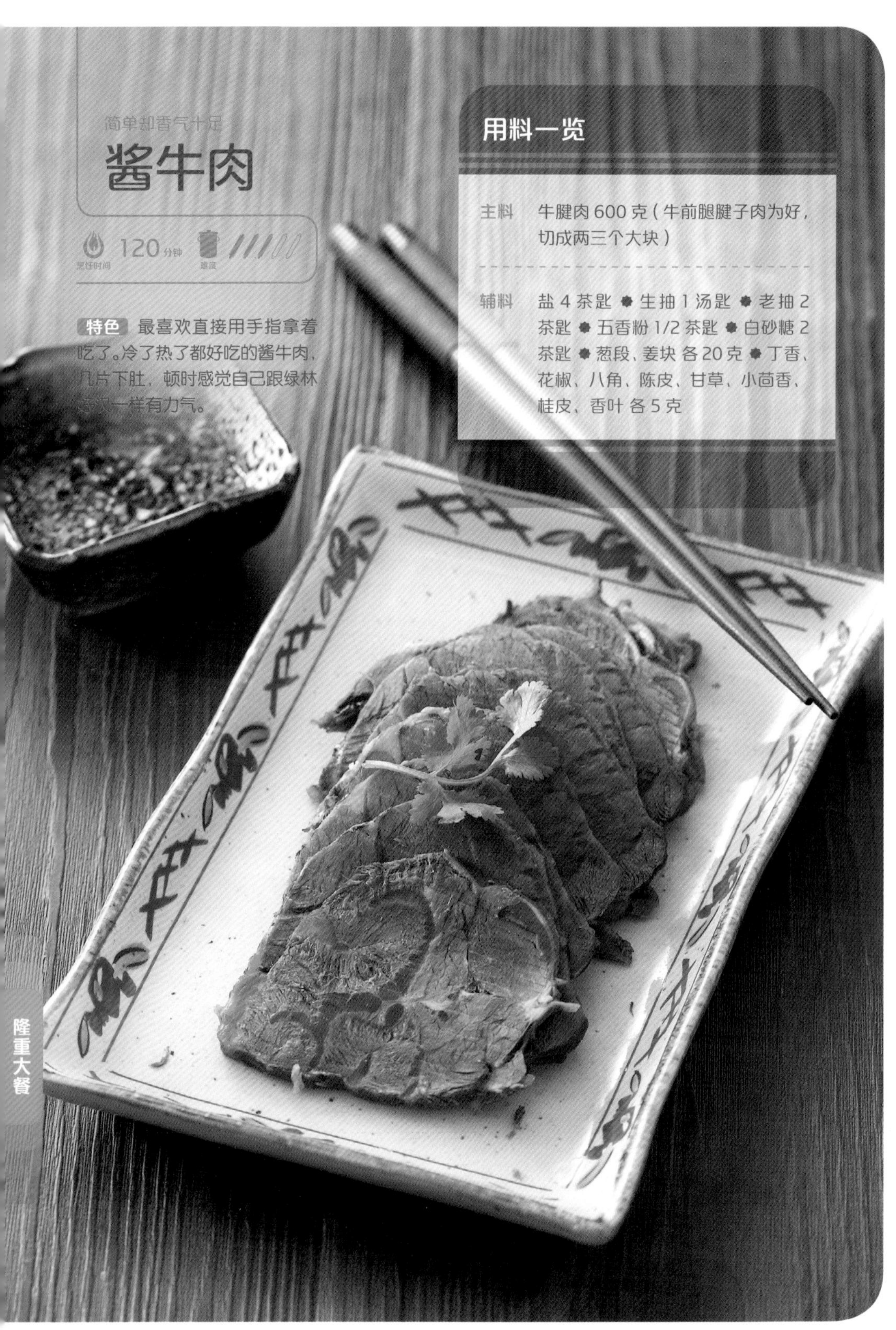

简单却香气十足

酱牛肉

120 分钟　烹饪时间　难度

特色 最喜欢直接用手指拿着吃了。冷了热了都好吃的酱牛肉，几片下肚，顿时感觉自己跟绿林好汉一样有力气。

用料一览

主料　牛腱肉 600 克（牛前腿腱子肉为好，切成两三个大块）

辅料　盐 4 茶匙 ● 生抽 1 汤匙 ● 老抽 2 茶匙 ● 五香粉 1/2 茶匙 ● 白砂糖 2 茶匙 ● 葱段、姜块 各 20 克 ● 丁香、花椒、八角、陈皮、甘草、小茴香、桂皮、香叶 各 5 克

营养贴士

吃下去就浑身有力气的好料理！用保鲜膜包几片放在口袋里当零食吃，即便冷了也不影响口感和营养。牛肉补中益气、滋养脾胃、强筋健骨。如果有人身体孱弱，不如做一锅酱牛肉送过去，绝对是又暖胃又贴心！

操作步骤 GO

1 将牛腱肉放入锅中，加入适量清水，大火煮至水沸。撇去浮沫后，将牛肉捞出，放入冷水中紧一下。

2 砂锅中放入足量清水，加入丁香、花椒、八角、陈皮、甘草、小茴香、桂皮、香叶，略煮。

3 再加入盐、生抽、老抽、五香粉、白砂糖、葱段、姜块大火煮开。

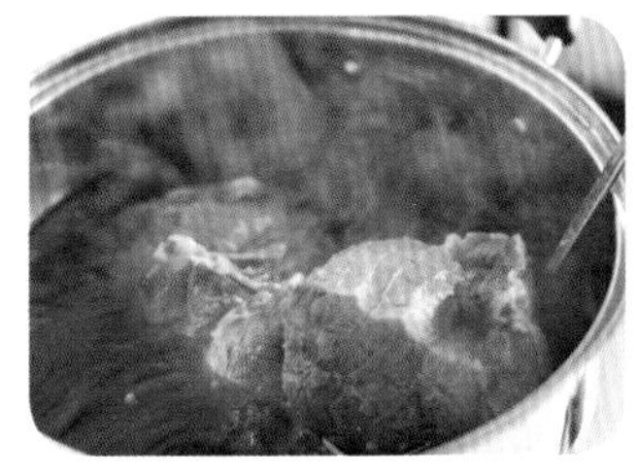

4 放入牛肉继续大火煮制10~15分钟后，将牛肉捞出，自然冷却。炖肉原汤留用。

5 将原汤再次烧至滚沸。

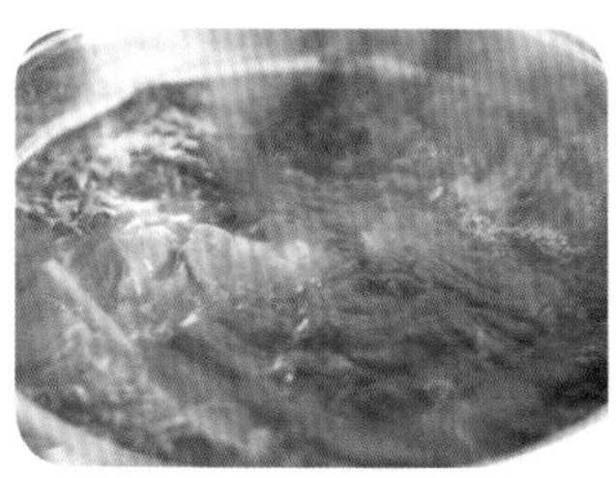

6 在牛肉冷却完毕后，再次放入原汤中，小火煨制45分钟左右。

7 盛出后将牛肉再次置于室温下冷却，切薄片即可。

烹饪秘笈 一开始将牛肉焯水后放入冷水，是为了能让肉质更为紧实。

香气满屋

香菇炖鸡

烹饪时间 100分钟　难度

特色 炖上这么一锅，香气四溢，连邻居都忍不住过来问：做了什么好吃的？厨房里飘出的香气，带给人最温暖的幸福。

用料一览

主料　三黄鸡1只 ● 干香菇10朵

辅料　酱油2汤匙 ● 冰糖8克 ● 葱段、姜片各15克 ● 料酒2汤匙 ● 盐适量

隆重大餐

营养贴士

香菇与鸡肉，营养和味道上都堪称绝配。香菇可增强免疫力，鸡肉温中补气，补虚填精。还可以把三黄鸡换成乌鸡，那就更是一道上上滋补的佳肴了。汤也别浪费，喝下去感觉浑身充满了能量。血脂高的人吃这道菜时，可不吃脂肪含量高的鸡皮。

操作步骤 GO

1 将三黄鸡洗净斩件。

2 将干香菇用温水泡发后，冲洗干净。

3 泡香菇的水留下，如果里面有砂子，可以用纱布或滤网滤除。

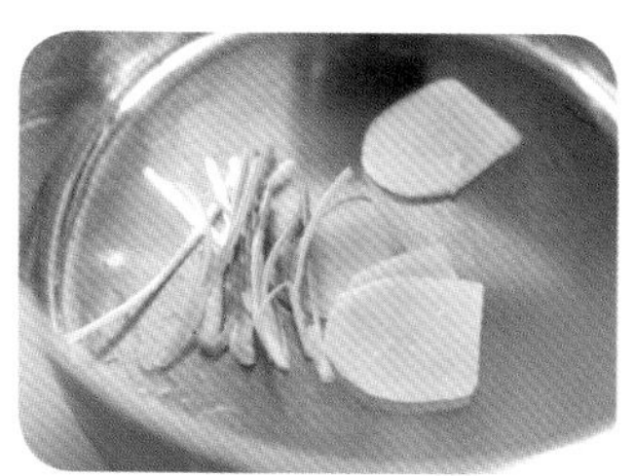

4 在炖锅底部放上葱段、姜片。

5 将斩件后的三黄鸡放入锅中，再放香菇和香菇水，水量如果没有没过食材，可以再加一些清水。

6 倒入酱油和冰糖、料酒，大火煮开后，转小火炖至鸡肉熟烂。

7 最后根据自己的口味加盐调味。盐要最后放，否则会让鸡肉的口感发紧。

烹饪秘笈 所谓斩件就是将鸡的头、翅、腿、胸、身等部分分切开来，如果自己刀工不太好，可以考虑让卖家代劳。

台湾美食经典

盐酥鸡

烹饪时间 60 分钟　难度 

特色 盐酥鸡是风靡宝岛、席卷大陆的美味休闲食品，鸡块咸香酥脆、小巧美味，一不小心就会吃光一大盘！

用料一览

主料　鸡腿肉 300 克

辅料　鸡蛋 1 个 ● 鲜九层塔 50 克 ● 淀粉适量 ● 盐 1/2 茶匙 ● 大蒜粉 2 克 ● 蚝油 4 茶匙 ● 米酒 1 汤匙 ● 白胡椒粉 1 茶匙 ● 五香粉、肉桂粉各 1 克 ● 咖喱粉 2 克 ● 花椒粉 1 克 ● 鸡粉 2 克 ● 油 500 毫升（实耗约 30 毫升）

营养贴士

虽然不推荐经常吃油炸食品，但偶尔吃一下也无可厚非。无论如何，自己在家做料理，就图一个干净、卫生、随心所欲。只要油新鲜，鸡肉新鲜，就无妨享受一下吧。

操作步骤 GO

1 将鸡腿肉切成 2 厘米见方的小块。

2 鲜九层塔洗净，鸡蛋打散。

3 将鸡腿肉用蚝油、米酒、大蒜粉、2 克盐、3 克白胡椒粉及蛋液搅拌均匀，腌制 40 分钟左右入味。

4 锅中放油烧至七成热，即能看到轻微油烟的时候，将鸡腿肉裹上一层淀粉。

5 转中小火，让油温趋于恒定，然后将裹了淀粉的鸡腿肉放入炸制。

6 炸制大约 1 分钟后，看到鸡肉差不多表面金黄焦脆了，盛出沥油，装盘。

7 将九层塔也放入同样油温的油中炸制，炸至焦脆后捞出沥油。

8 将剩下的所有调料放入净锅中焙香，制成蘸料，搭配盐酥鸡食用即可。

烹饪秘笈

为什么偏爱鸡腿肉？有人说鸡胸肉那么大块，还不用去骨，多么方便啊。但是当你尝过鸡腿肉的嫩滑口感之后，才知道鸡胸肉的口感绝对弱爆了。最后的蘸料也可以直接混合后蘸食，但是放入平底锅中焙香的蘸料会香气更足。

家的味道

腐竹焖鸡

 60 分钟
烹饪时间

难度

特色 想起家里有这么一锅腐竹焖鸡在等着，就感觉浑身充满了力气，回家的脚步也不由得加快了几分。

用料一览

主料 干腐竹 25 克 ● 三黄鸡 1/2 只 ● 红彩椒 1 个

辅料 香葱 20 克 ● 姜片 15 克 ● 盐、鸡精各 2 茶匙 ● 酱油 2 汤匙 ● 白芝麻 15 克 ● 料酒 2 汤匙 ● 油 3 汤匙

营养贴士

腐竹富含植物蛋白质，营养价值较高。其所含的卵磷脂，具有防止血管硬化、预防心血管疾病的功效。鸡肉也富含蛋白质，且脂肪含量低，它所含的脂肪多为不饱和脂肪酸，是适合多数人食用的营养肉食。

操作步骤 GO

1 将鸡泡净血水，冲洗干净后切块，抹匀鸡精腌制一会儿备用。

2 同时将腐竹泡发，捞出沥水备用；红彩椒去蒂去子，洗净切成条；香葱洗净切寸段备用。

3 锅用小火烧热，将白芝麻放入焙香，注意不要烧煳，盛出备用。

4 锅中放油烧至五成热，先放入姜片爆香后，再放入鸡块翻炒。

5 鸡块完全变色后，倒入料酒，翻炒均匀，小火焖几分钟。大致到鸡肉完全变色、七八成熟。

6 然后加入少许清水，水量在 250 毫升左右，再加入腐竹和红彩椒。

7 调入盐、酱油，烧至食材入味且熟透。

8 撒入香葱、白芝麻即可。

烹饪秘笈 这道菜中还可以加入板栗，味道更佳。同时，栗子和鸡也是非常好的营养搭配。

外酥里嫩

香酥炸鸡排

烹饪时间 45分钟　难度

特色 谁说肯德基才是炸鸡专家？尝尝这道香酥炸鸡排，鸡皮酥脆，鸡肉鲜香，外酥里嫩，香而不腻。这才是炸鸡中的“战斗机”！

用料一览

主料　鸡胸肉 200 克

辅料　鸡蛋 1 个 ● 面包屑适量 ● 蚝油 2 汤匙 ● 生抽 1 茶匙 ● 鸡粉 1/2 茶匙 ● 白胡椒粉 2 克 ● 料酒 1 汤匙 ● 花椒粉 1 克 ● 葱段、姜块各 15 克 ● 辣酱油适量 ● 淀粉适量 ● 油 500 毫升（实耗约 50 毫升）

营养贴士

鸡肉的肉质细嫩、滋味鲜美，适合多种烹调方法。鸡肉的蛋白质含量高，且消化率高，容易被人体吸收利用。对营养不良、畏寒怕冷、贫血、虚弱等有很好的食疗效果。

操作步骤 GO

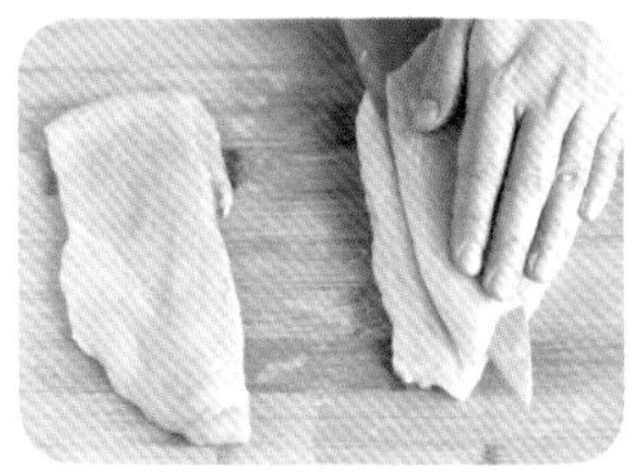

1 将鸡胸肉片成大约 5 毫米厚的厚片。

2 将鸡排用刀背锤松，这样更利于入味。

3 葱段、姜块拍松后，加入少量清水浸泡一会儿，制成葱姜水。

4 将鸡肉用生抽、鸡粉、蚝油、白胡椒粉、料酒、花椒粉、葱姜水抓匀，腌制 30 分钟以上入味。

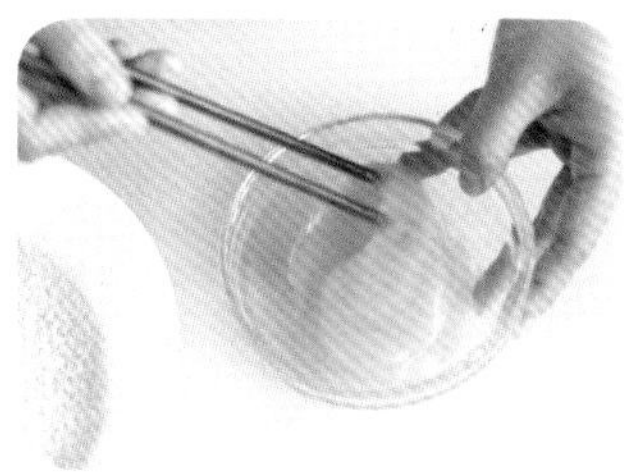

5 鸡蛋打散成蛋液，将面包屑放在平盘中备用。

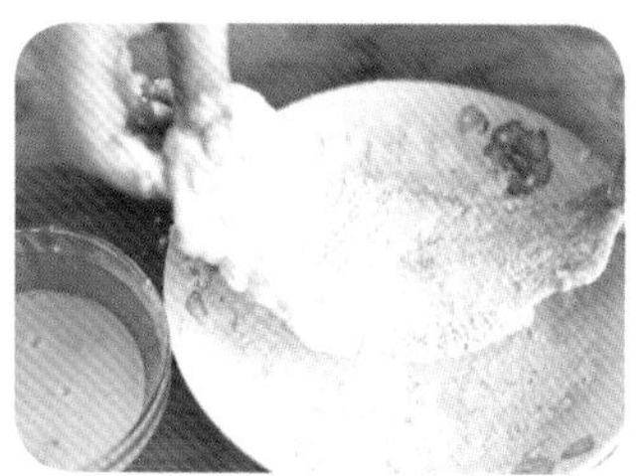

6 锅中放油烧至五成热，将鸡排裹上蛋液，再两面沾上淀粉。

7 再次蘸蛋液，然后再裹上面包糠，这样鸡排就不易脱浆了，下锅炸至金黄定型后捞出沥油。

8 将油温提升至七八成热，将鸡排再次放入炸制 20 秒左右，捞出沥油，蘸辣酱油食用即可。

烹饪秘笈 还有另一种更省事的做法，就是用超市买来现成的炸鸡粉料，搅成糊状后裹匀鸡肉腌制几小时就可以下锅炸了。

辣子鸡

特色 这是一道色香味俱全的重庆名肴。成菜色泽艳丽，酥香爽脆，麻辣鲜香，用多少形容词都不过分，因为真的是太香啦。

用料一览

主料 鸡腿肉 500 克

辅料 干红辣椒 40 克 ● 麻椒 20 克 ● 姜末 10 克 ● 葱丝 20 克 ● 盐、鸡粉各 1 茶匙 ● 花椒粉 1 克 ● 白糖 1/2 茶匙 ● 绍兴花雕 4 茶匙 ● 油 500 毫升（实耗约 40 毫升）

营养贴士

还是那句话，油炸食品不要多吃。但是嘴巴实在馋了也得偶尔满足一下对不对？否则压抑久了，暴饮暴食反而对健康不利。在吃这道菜的时候多搭配一些蔬果就可以了。

操作步骤 GO

1 将鸡腿肉切成2厘米见方的块；干红辣椒用剪刀剪成2~3厘米的段，和辣椒子放在一起备用。

2 将鸡腿肉用盐、鸡粉、花椒粉、花雕抓拌均匀，静置40分钟至入味充分。

3 锅中放油烧至七成热，即能看到少许油烟的时候，将鸡腿肉放入，中火炸制。

4 直至鸡肉表皮焦黄，鸡皮有酥脆感的时候，将鸡肉捞出沥油备用。

5 锅中留少许油，保持油温，将干红辣椒（连同子一起）、姜末、葱丝、麻椒一起放入，爆出麻辣香气。

6 将鸡肉放入翻炒均匀。

7 撒入白糖，大火翻炒均匀即可。

烹饪秘笈　放入白糖是为了中和一些辣味，可以根据自己的口味增减。

舌尖上的美味

辣烤羊排

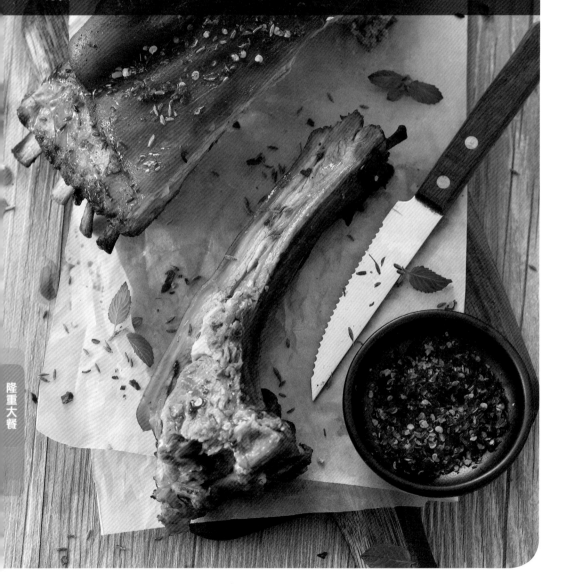

特色 撕下一口羊肉，闭口大嚼，任那肉汁在唇齿间恣肆，凭那奇香在脏腑间畅游。大口吃肉、大碗喝酒，顿觉人生至此，夫复何求？

用料一览

主料 羊排 500 克

辅料 盐 1 茶匙 ● 花椒粉 2 茶匙 ● 孜然粒 15 克 ● 辣椒粉 1 茶匙 ● 鸡粉 2 茶匙 ● 生抽 2 汤匙 ● 蜂蜜 4 茶匙

营养贴士

在家用烤箱烤羊排，比用炭火烤羊排更卫生、更健康。杜绝了炭火烧烤时，油滴在火上产生的油烟中的有害物质。学会做这道菜吧，大人肯定爱吃，去掉辣椒，还适合给小孩吃，但要注意控制食量，再好吃也不能贪多哦。

操作步骤 GO

1 将羊排放入清水中，充分浸泡，泡净血水后冲洗干净。

2 用牙签在羊排上扎一些小孔。

3 将孜然粒、生抽、花椒粉、蜂蜜、鸡粉搅匀至完全溶解，制成调味汁。

4 用盐、辣椒粉撒在羊排上抹匀。

5 再将调味汁均匀地抹在羊排上（留下少许调味汁），放入锡箔纸静置1小时以上，使食材入味。

6 烤箱预热至200℃，将羊排用锡纸包裹住，放入烤箱烤50分钟后取出。

7 打开锡纸，再涂抹调味汁。放入烤箱烤至表面焦黄油润，取出再撒些孜然粒、辣椒粉提味即可。

烹饪秘笈

凡是使用烤箱的菜式，一定记得都需要先将烤箱预热至所需温度，而不能像普通炒菜一样，慢慢加热。

防寒温补的佳肴

孜然羊肉

30分钟 烹饪时间　难度

特色 孜然气味芳香而浓烈，与羊肉搭配，不仅可去膻提鲜，还可理气开胃。这道菜羊肉软嫩、鲜辣咸香，是冬季防寒温补的美味佳肴。

用料一览

主料 羊肉500克 ● 香菜50克

辅料 花椒粉1/2茶匙 ● 孜然粉2茶匙 ● 辣椒粉、孜然粒各1茶匙 ● 辣椒碎1茶匙 ● 生抽1汤匙 ● 盐1茶匙 ● 淀粉少许 ● 熟白芝麻1汤匙 ● 油适量

营养贴士

羊肉的蛋白质含量较高，脂肪含量较少，且肉质细嫩，容易消化吸收。羊肉性温热，暖中补虚、温肾填精、益气补血，是冬季进补的重要食材，尤其适合老年人、体虚者食用。

操作步骤 GO

1 羊肉事先用温水泡半小时，然后洗净切粗丝。

2 香菜择洗干净，备用。香菜可以多切点，好吃。

3 切好的羊肉放入淀粉和生抽，抓匀，然后放入孜然粒，继续腌渍 10 分钟。

4 锅烧热，倒入油烧至八成热，放入羊肉翻炒，油不要太少。

5 羊肉变色后改小火慢慢炒干羊肉的水分。羊肉水分变干后，放入盐炒匀。

6 放入辣椒粉、孜然粉、花椒粉翻炒均匀。

7 最后撒入熟的白芝麻、辣椒碎，这样好看好吃。

8 炒好的羊肉盛入铺满香菜的盘中就可以上桌了。

烹饪秘笈

带点肥肉的羊肉做这个菜更好吃。香菜可以多一点，去腻又有营养。若不爱吃香菜，可以考虑用别的蔬菜代替，如洋葱。

老幼咸宜

可乐鸡翅

烹饪时间 45分钟 难度 /////

特色 味道鲜美，色泽艳丽，鸡翅嫩滑，又保留了可乐的香气，颇受老人和小孩的喜爱！

主料

鸡翅中 400 克

辅料

葱段、姜块 各 10 克 ● 八角 5 克 ● 可乐 1 听 ● 酱油 2 汤匙 ● 鸡精 1/2 茶匙 ● 五香粉 2 克 ● 料酒 2 汤匙 ● 油 3 汤匙

操作步骤 GO ▸

1 将鸡翅洗净，葱段、姜块拍松备用。

2 锅中放油烧至七成热，将葱段、姜块、八角放入煸香，然后放入鸡翅，煸炒至呈金黄色。

3 然后放入可乐、酱油、鸡精、五香粉和料酒，大火煮开。

4 最后用中小火烧至汤汁收干即可。

隆重大餐

烹饪秘笈 可乐中含有糖分，所以就不用另外添加糖了。由于要将汤汁收干，所以在最后的时候要勤加翻动，失去水分的糖分非常容易煳锅，要特别注意。

04章

海河之鲜

鲜字左边有个鱼，可见餐桌上没有鱼和各种海鲜、河鲜，该是多么遗憾。中国地大物博，食材丰富，江河湖海中的水产同样种类繁多。都由鱼贩带到菜市场上，供您选择。其实海产河鲜是十分容易烹饪的一类食材，只要保证鲜活，只需十多分钟就可以让一家人满口喊“鲜”！

高手速成

清蒸鲈鱼

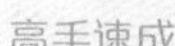

10分钟

烹饪时间

难度

特色 鲜嫩可口，又是一道新手必须要学的好菜，只要买一瓶上好的蒸鱼豉油和一条鲜鱼，片刻您就可以成为高手了。

用料一览

主料 鲈鱼1条

辅料 葱丝30克 ● 姜丝15克 ● 花椒粒8克 ● 葱段两三段 ● 蒸鱼豉油4茶匙 ● 油2汤匙

营养贴士

鲈鱼不仅肉质细嫩，鲜香可口，同时还含有大量的维生素、矿物质，也是非常上乘的蛋白质摄取物。有滋补肝肾、益养脾胃、止咳化痰等食疗效果，是适合多数人食用的美味。

操作步骤 GO

1 买一条鲜鲈鱼，让摊贩宰杀干净，回家将鲈鱼清洗干净。

2 在鲈鱼的身上，斜刀切三四刀花刀，差不多每隔 2~3 厘米切一刀。

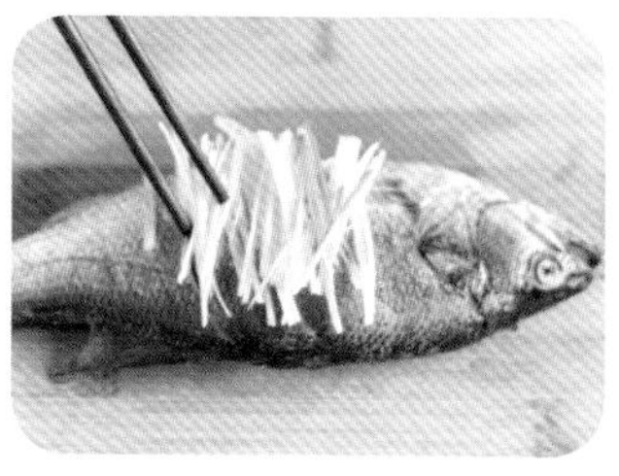

3 将姜丝和一半葱丝塞入刀口，并将剩下的葱丝和姜丝撒在鱼身上。

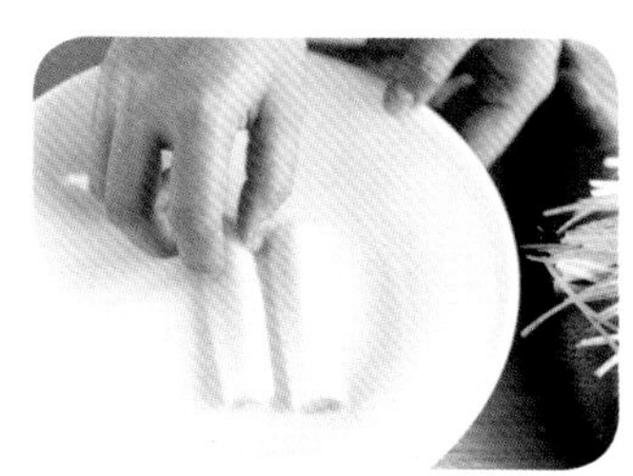

4 蒸锅中烧开水，同时在盘底将葱段按照相等间隔摆放好。

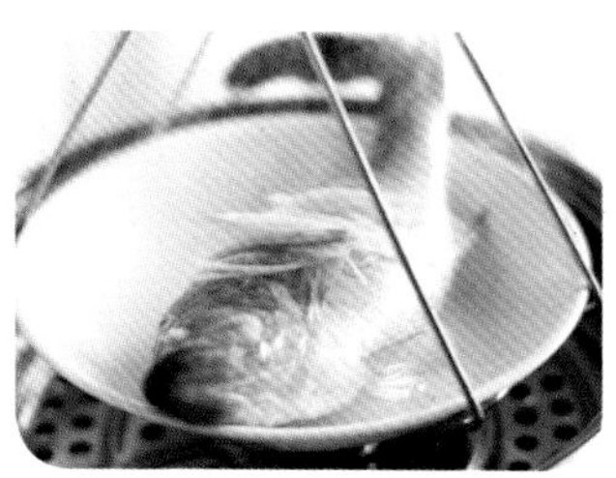

5 将鱼架在葱段上，放入蒸锅中，大火蒸制 7 分钟后，将鱼取出，拣去葱丝、姜丝，倒出汁水。

6 在鱼身上铺上剩下的葱丝，均匀地淋上蒸鱼豉油，出锅后再淋可避免蒸鱼豉油在蒸制时破坏鱼肉本身的鲜味。

7 锅中放油烧至八成热，将花椒粒放入炸至变色出香味，将花椒粒弃去。

8 将热花椒油淋在鱼身的葱丝、姜丝上即可。

烹饪秘笈

鲈鱼内脏易于清除，不过也可以请商家代劳清理内脏。吃鲈鱼注重鲜嫩，一定要选鲜活的；注意，蒸鱼 7 分钟这个时间还是比较严苛的，时间稍长一些，鱼肉就老了。

令人垂涎三尺

糖醋带鱼

烹饪时间 25分钟 难度

特色 如果你还能从箱子底下翻出一个老式铝饭盒来，再盛上白米饭和糖醋带鱼，带到学校或单位做午饭，你和你的便当受追捧的程度绝对会吓你一跳！

主料

带鱼 500 克

辅料

鸡蛋 1 个（取蛋清）● 酱油、米醋、生抽 各 2 茶匙 ● 料酒、白糖 各 3 茶匙 ● 盐、葱段、姜片、油、水、蒜片各适量 ● 香菜 2 根 ● 面粉 少许

操作步骤 GO

1 带鱼收拾干净肚肠，刮去鳞，剪去头尾后洗净，切成约6厘米长的段。

2 带鱼放入碗中，加部分盐和部分料酒腌10~15 分钟。

3 取一只小碗，在碗中放入酱油、生抽、白糖、米醋、剩余料酒和剩余盐，对成糖醋汁备用。

4 锅中放油烧至五成热，将腌好的带鱼裹上蛋清和面粉，下锅煎至两面金黄后，捞出沥油。

5 锅内留少许底油，加入葱段，姜片、蒜片炒出香味。

6 放入煎好的带鱼，继续翻炒。

7 将调好的糖醋汁搅拌均匀后倒入锅内，轻推几下。

8 锅内加适量清水没过带鱼，大火煮开后小火再炖 10 分钟，再转大火收汁，装盘后加香菜点缀即可。

烹饪秘笈 带鱼鳞若不洗干净，会留下少许腥味。

操作步骤 GO ▸

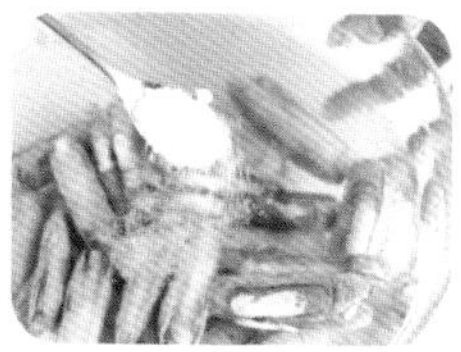

1 将蛏子刷洗干净后，放入清水中，撒入适量盐和香油，促其吐沙，吐净后将蛏子捞出沥干水分。

2 大葱切成葱丝，生姜也切成丝，干红辣椒剪小段，辣椒子一起留用。

3 锅中放油，将辣椒子先放入，待油温烧至辣椒子变色。

4 加入干红辣椒段、葱丝、姜丝，转大火。

5 放入蛏子，烹入白酒，大火翻炒。

6 蛏子基本开口，肉熟透后，加入1/2茶匙的盐和鸡精，调味炒匀即可。

烹饪秘笈

蛏子比较经得起长时间的烧炒，口感也不会很老，并且其个头比较大，加热时间可以稍长一些，熟透了才好，毕竟安全第一。

请客就来一盘

清炒蛏子

特色 蛏子肉鲜嫩美味，好吃又易剥，真是给懒惰的人们准备的。如果想请客，做个蛏子是最佳选择。

主料

蛏子 500 克

辅料

大葱 25 克 ● 生姜 15 克 ● 干红辣椒 2 根 ● 鸡精 1/2 茶匙 ● 白酒 1 汤匙 ● 盐、香油 各适量 ● 油 3 汤匙

来自大海的好滋味

葱姜炒蟹

烹饪时间 15分钟 难度

特色 “菊花开，闻蟹来”，秋天是吃蟹的最佳季节。这道葱姜炒蟹鲜香四溢、肉厚肥嫩、膏似凝脂、色如白玉，是必须要学会做的一道好菜，错过这村就没这个店啦。

用料一览

主料 海蟹2只

辅料 香葱段30克 ● 姜丝25克 ● 面粉适量 ● 盐、鸡精各1/2茶匙 ● 白糖1茶匙 ● 白胡椒粉1克 ● 黄酒2汤匙 ● 水淀粉2汤匙 ● 油100毫升

营养贴士

海蟹的肉质洁白细滑，鲜味无人能及，含有丰富的适合人体吸收的微量元素和维生素。而且蟹肉性凉，能够滋阴清热，并对结核病有一定抗病效果。但蟹肉不适合出血症患者和肠胃虚弱的人士食用。

操作步骤 GO

1 将海蟹洗净，去壳，去掉心、鳃等不可食部分。

2 然后将处理干净的蟹斩成小块，用白胡椒粉、黄酒抓匀，腌制去腥。

3 锅中放油烧至五成热，即手掌放在上方能感觉到明显热力的时候，放入姜丝煸香。

4 将蟹块裹匀一层薄薄的面粉后，下锅翻炒至表面金黄。

5 加入盐、鸡精、白糖，翻炒均匀，以中小火炒至螃蟹熟透。

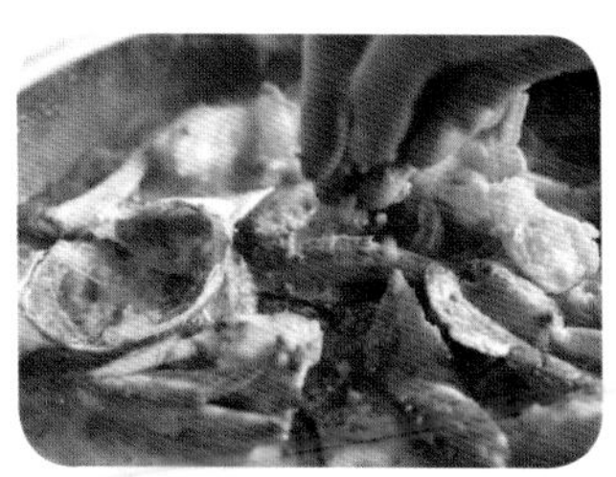

6 最后加水淀粉勾薄芡，撒入香葱段炒匀即可。

烹饪秘笈

注意螃蟹身上有很尖锐的地方，拌的时候最好用筷子，不要用手。

虾壳也好吃

椒盐虾

特色 虾肉已经很鲜美了，而且厚实的肉质让你满足感爆棚！而连平时想都不想就舍弃的虾皮，这次竟然也很香脆美味。

用料一览

主料 青虾 10 只

辅料 椒盐 2 茶匙 ✸ 白胡椒粉 1 克 ✸ 料酒 2 茶匙 ✸ 淀粉适量 ✸ 花椒 10 粒 ✸ 大蒜 3 瓣 ✸ 香葱粒 10 克 ✸ 油 500 毫升（实耗约 50 毫升）

营养贴士

虾肉含有丰富的虾青素，能够提高人体的免疫力；还含有大量的镁元素，能够减少人体的胆固醇含量，保护心血管系统，减少心梗等疾病的发病率。

操作步骤 GO

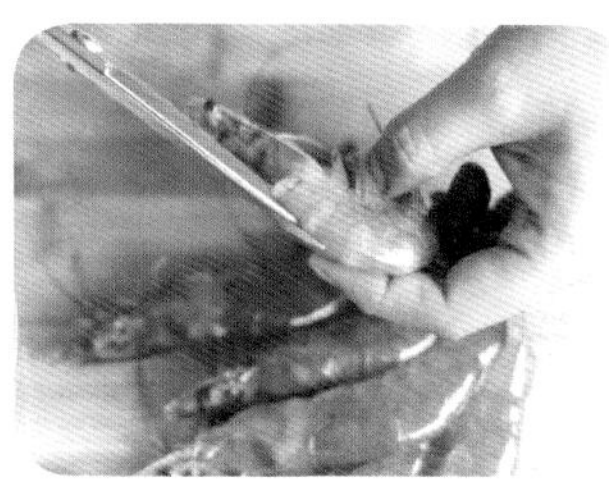

1 将青虾去虾枪，背部剪开，去虾线，洗净。花椒用擀面杖碾成碎渣备用。大蒜去皮，切碎备用。

2 将青虾用椒盐、料酒、白胡椒粉搅拌均匀，腌制 30 分钟左右使其入味。

3 锅中放油烧至六成热，将青虾裹上薄薄一层淀粉，入锅，以中小火炸至金黄色后捞出沥油。

4 锅中留下少许油，保持油温，将蒜碎和花椒碎放入炒香。

5 放入炸好的虾翻几下，让喷香的花椒蒜碎裹匀虾身。

6 最后撒香葱粒出锅即可。

烹饪秘笈

自己制作花椒盐的好处就是，不仅花椒的椒香味更浓，同时咸度也可以自己调节。外面买来的椒盐，花椒和盐的比例是固定的，若是不适合自己的口味，会很麻烦。

永不厌倦的好菜

红烧带鱼

烹饪时间 30分钟 难度 /////

特色 肉厚油润、色美味鲜，很难会有人质疑红烧带鱼的下饭菜地位。从小到大，吃一辈子也不会厌倦的好菜。

主料

带鱼 500 克

辅料

盐 2 克 ● 料酒 2 汤匙 ● 大蒜 5 瓣 ● 葱段、姜片 各 15 克 ● 红烧酱油 2 汤匙 ● 八角 1 个 ● 面粉适量 ● 油 500 毫升（实耗约 30 毫升）

操作步骤 GO ▸

1 将带鱼洗净后，切成 6 厘米左右的长段。

2 加入盐、料酒搅拌均匀，静置 20 分钟去腥备用。

3 在腌制鱼肉的同时，将大蒜拍松后去皮，切成蒜末。大蒜皮用先拍再剥的方式最容易了。

4 锅中放油烧至五成热，将带鱼两面蘸上面粉，下锅炸至两面金黄后，捞出沥油。

5 锅中留少许油，保持油温，爆香葱段、姜片、蒜末。

6 放入带鱼，大火炒香。

7 加入清水、红烧酱油、八角，大火煮开。

8 直至汤汁收干即可。

烹饪秘笈 只用面粉炸制，油很容易产生淀粉渣子沉淀，如果有条件的，可以先在鱼肉上裹一层蛋液，再拍上一层薄薄的面粉，情况会好很多。

操作步骤 GO ▸

1 鱿鱼洗干净，切花刀。

2 再将鱿鱼切成段备用。段的长度大约 5 厘米就可以。

3 将切好的鱿鱼，用料酒、部分盐腌 10 分钟。

4 芹菜、尖椒择洗干净，芹菜切段，尖椒切成细条备用。

5 锅里加水烧开后，放入鱿鱼片烫成卷后立即捞出沥干水。

6 热油放葱末、姜末、蒜末爆香，下芹菜、尖椒、鱿鱼卷炒熟，加生抽、香醋、鸡精、剩余盐炒匀即可。

烹饪秘笈

如果想要外观好看，可将表皮撕掉，鱿鱼切花刀要小心，不要切断。如果不太熟练，切口先不要切得过密。焯水和翻炒都要注意火候。

菜中西施

芹菜鱿鱼卷

烹饪时间 20 分钟 难度 ////

特色 新鲜爽脆的芹菜搭配鲜嫩弹牙的鱿鱼，是一场碧绿与红白的水陆游戏。

主料

鱿鱼 300 克 ● 芹菜 200 克

辅料

青 / 红尖椒 2 根 ● 油 2 汤匙 ● 料酒 1 茶匙 ● 生抽 1 茶匙 ● 香醋 1/2 茶匙 ● 葱末、姜末、蒜末各少许 ● 盐、鸡精各适量

奇妙组合

蒜蓉粉丝蒸扇贝

12分钟 烹饪时间

难度

特色 新鲜的大扇贝肉，搭配软滑的粉丝，用蒜香包裹，还没吃就口水狂流了。

用料一览

主料 扇贝 4 个

辅料 粉丝 20 克 ● 蒜末 40 克 ● 蚝油 1 汤匙 ● 酱油 1 汤匙 ● 香葱粒 适量 ● 油 3 汤匙

营养贴士

扇贝虽然貌不惊人，但营养价值却非常高。它既能健脾胃、润肠道，还能明目补脑、护肤美颜。同时，常食贝类产品还能很好地降低人体胆固醇含量，使你更加轻盈有活力。

操作步骤 GO

1 将扇贝去掉砂囊后，洗净备用。粉丝泡发。蒸锅中放入清水烧开。

2 将蚝油、酱油加少许清水调匀，制成调味汁。

3 锅中放油烧至五成热，将蒜末爆香。

4 然后加入调味汁小火略炒，盛出。

5 将泡好的粉丝围在扇贝一侧摆好。

6 炒好的调味汁均匀地浇在扇贝上，上锅大火蒸 5 分钟左右，出锅撒上香葱粒即可。

烹饪秘笈

先将蒜末爆香，并加调料炒制之后的调味汁，才能更加发挥蒜香调味汁的威力，比直接浇在扇贝上的味道要好很多。

几口就吃光

干煎小黄鱼

特色 煎好的小黄鱼外酥里嫩、干香味美，放在盘子里，简直就是致命的诱惑。让你忍不住一咬一大口，两三口就把一条吃光了。

用料一览

主料 小黄鱼 500 克

辅料 盐 1/2 茶匙 ✹ 鸡粉 2 克 ✹ 花椒粉 1/2 茶匙 ✹ 料酒 1 汤匙 ✹ 葱段、姜块 各 20 克 ✹ 面粉 适量 ✹ 油 适量

营养贴士

小黄鱼别看个头不大却有丰富的营养价值，是滋补肝肾、明目养血的好食材。同时，小黄鱼对于腰酸腿软、眼睛干涩等都有一定的食疗效果。

操作步骤 GO

1 我们购买的一般是超市的冻品小黄鱼，所以买回之后只需要解冻，去掉内脏后冲洗干净。

2 葱段、姜块拍松，放在碗中，加少许清水加以挤压搅打，挤出大致 1 汤匙的葱姜水。

3 将小黄鱼放在一个大碗中，用盐、鸡粉、花椒粉、料酒、葱姜水搅匀，腌 1 小时以上去腥入味。

4 准备一盘面粉，放在锅边，将小黄鱼逐条两面裹上薄薄一层面粉。

5 锅中放油烧至七成热，将裹了面粉的小黄鱼下锅煎制。

6 等到底面金黄的时候，将其翻面，反复煎至鱼肉熟透即可。

烹饪秘笈

如果想要外表更加焦脆，可以先用五成热的油温将鱼炸熟，盛出沥油，然后提升油温至八九成热，再将鱼放入炸制十几秒，看到颜色变深即可捞出。

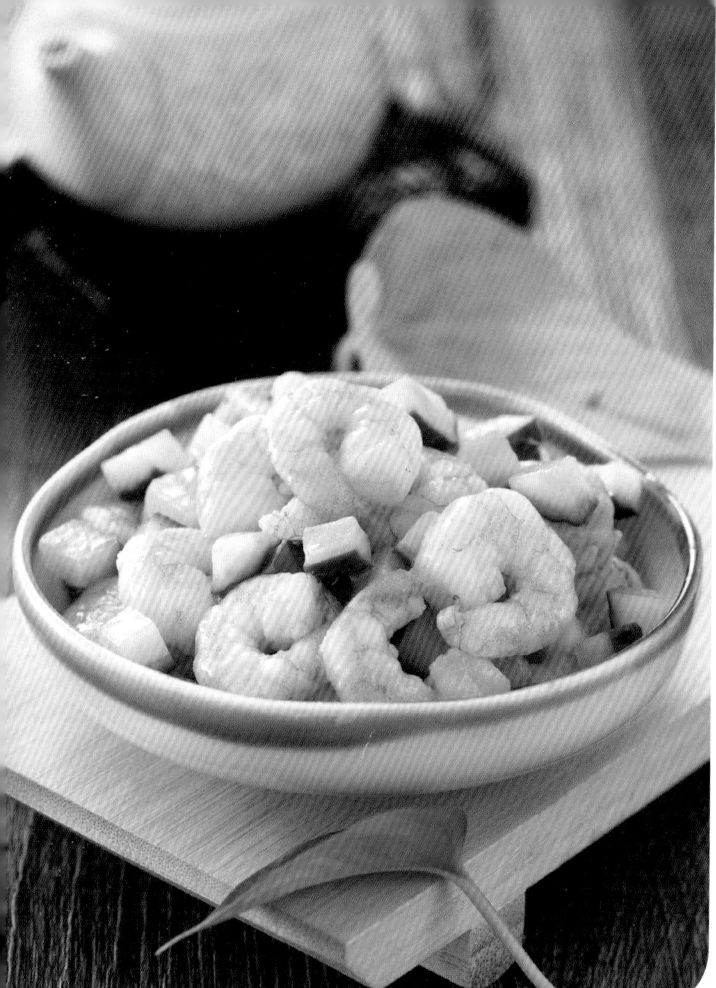

至鲜至美

清炒虾仁

烹饪时间 12分钟 难度

特色 吃起来很清爽，绝对体现耐心和厨艺的一道料理，用充满爱的心去经营这道菜吧，鲜美弹牙的虾仁会用无上滋味回报你。

主料

小虾仁 150 克 ● 黄瓜 1 根

辅料

料酒 2 茶匙 ● 盐 2 克 ● 油 3 汤匙

操作步骤 GO

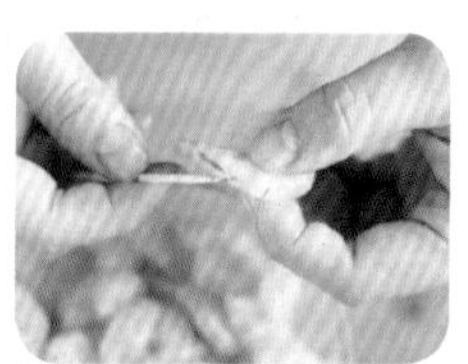

1 这道菜最好购买拇指大小的虾仁，将其去掉虾线洗净。黄瓜洗净，再将其切成不到1厘米见方的小丁。

2 锅中放油烧至五成热，即手掌放在上方能感觉到明显热力的时候，将虾仁放入。

3 烹入料酒，炒至虾仁基本熟透，需要20~30秒。

4 然后放入黄瓜丁炒匀，最后放入盐调味即可。

烹饪秘笈

千万不要放味精或者鸡精，吃的就是虾肉本身的鲜味。这道菜做得好并不容易，还是多尝试几次吧。

操作步骤 GO

1 螺蛳买回来以后，先放在盆里，加清水没过，滴几滴清油，让它们吐一天脏东西，中间可换两三次水。

2 吐过脏物的螺蛳用钳子夹掉尾部，再用清水冲洗几遍后，放入加有少许花椒和八角的沸水中汆烫一下。

3 锅里放油烧热，将剁细的豆瓣酱、干辣椒、葱末、姜末、蒜末及剩余的八角、花椒放入锅中炒香。

4 再将螺蛳倒入，大火翻炒 20 秒左右。

5 加盐、白糖、酱油、料酒调味，大火炒匀。

6 锅中倒入清水，大火煮开后转中小火，煮至汤汁收干即可。

烹饪秘笈

若喜欢味道重一点，作料可酌情添加，因为豆瓣酱本身有咸味，盐可根据自身需要选择加或不加。

放不下的念想

炒螺蛳

15 分钟 烹饪时间 难度

特色 夏季的路边摊上，总也少不了炒螺蛳的身影，作为一道佐酒佳肴，独特的滋味，妙趣横生的吃法，给喜欢夏天夜生活的人带来无限的乐趣。

主料

螺蛳 500 克

辅料

八角 10 克 • 花椒适量 • 干辣椒 5 根 • 酱油 4 茶匙 • 料酒 1 茶匙 • 葱末、姜末、蒜末 各适量 • 盐、白糖 各 1/2 茶匙 • 豆瓣酱 2 茶匙 • 油 2 汤匙

香辣的诱惑

剁椒鱼头

烹饪时间 15分钟 难度

特色 火辣辣的剁椒，覆盖着白嫩嫩的鱼头，冒着热腾腾的香气。湘菜香辣的诱惑，在剁椒鱼头上得到了完美的体现。菜品色泽红亮，肉质细嫩，鲜辣嫩滑。

用料一览

主料 胖头鱼鱼头 1 个 ● 剁椒 30 克

辅料 葱末、姜末 各 20 克 ● 葱段、姜片 各适量 ● 蒜末 15 克 ● 盐 1/2 茶匙 ● 料酒 2 汤匙 ● 白胡椒粉 2 克 ● 油 2 汤匙

营养贴士

胖头鱼也名鳙鱼，是低脂肪高蛋白鱼类，对人体心血管有一定保护作用。胖头鱼的脑髓含量比一般鱼类高，有更多的磷脂和脑垂体后叶素，常食能够益智醒脑、提高人的记忆力。

操作步骤 GO

1 将胖头鱼鱼头去鳃后冲淋干净。做剁椒鱼头一定要用这种鱼的鱼头，大、肉厚肥美。

2 将盐、白胡椒粉、10 克姜末抹在鱼头内外，抹匀。

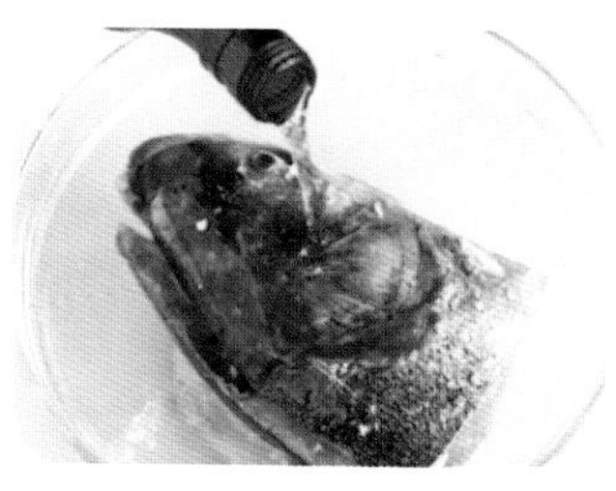

3 在鱼头上均匀地淋上料酒，用于去腥。

4 蒸锅中加水煮沸，取适量葱段和姜片，垫放在盘子底部。

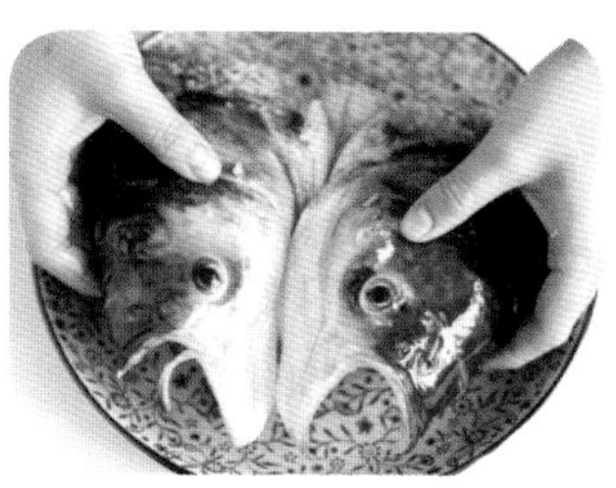

5 将鱼头架在上面。这样能够进一步为鱼头去腥，并且可以将鱼头架空，更利于蒸汽的循环。

6 大火将鱼头先蒸制 3 分钟左右，由于之前抹了盐，鱼头中会析出一些水分，将其滗出。

7 将鱼头上均匀地抹上剁椒，再撒上葱末、蒜末、剩余的姜末，大火蒸制 7 分钟后出锅。

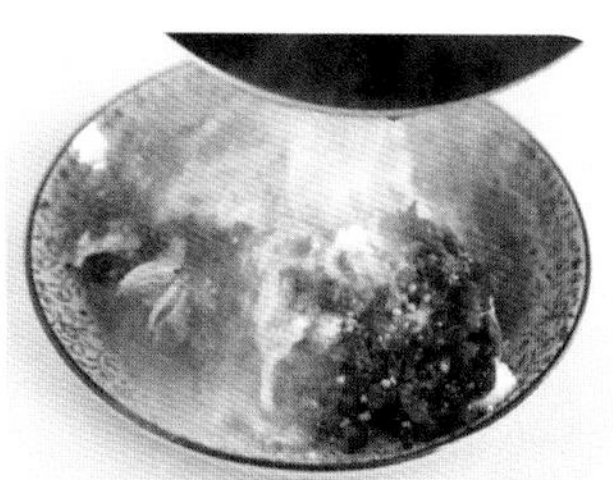

8 锅中将油烧至八成热，即能看到明显油烟的时候，将热油浇在鱼头上，进一步让葱姜蒜和剁椒的香气散出即可。

烹饪秘笈

事先用部分调料抹匀鱼头，不仅能去除一些异味，还能给鱼头赋予基本底味；此外，如果能够将剁椒提前剁细的话，味道会更好。

风靡全国

水煮鱼

烹饪时间 25分钟 难度 /////

特色 面对鲜美嫩滑的鱼肉，忍不住拼命伸筷子！可是还是建议吃这道菜时文质彬彬一些，不能大口刨，不然一口下去，脑袋会被辣味呛得轰轰响。

用料一览

主料 草鱼1条 ● 豆芽菜350克

辅料 青花椒25克 ● 良姜15克 ● 八角15克 ● 桂皮5克 ● 香茅10克 ● 香叶8克 ● 干红辣椒段30克 ● 料酒2汤匙 ● 鸡粉1茶匙 ● 淀粉1汤匙 ● 白胡椒粉1/2茶匙 ● 盐2茶匙 ● 油 适量

营养贴士

草鱼的烹饪方法多种多样，是非常适合入菜的鱼类，它的不饱和脂肪酸含量较高，是养护人体心血管的健康食品。同时草鱼中含有大量的硒，这是养颜护肤不可缺少的元素，并对防治肿瘤有一定效果。

操作步骤 GO

1 草鱼洗净，平放，从尾部一刀至脊骨，然后横刀向鱼头方向切，将鱼肉片下。鱼骨、鱼头留用，将鱼肉斜刀切大片。

2 斜刀轻轻片下鱼的主刺。

3 鱼肉用鸡粉、1/2 茶匙盐、1汤匙料酒，轻轻抓拌均匀，然后放入淀粉轻轻抓拌均匀，上浆备用。

4 豆芽菜汆烫断生后，沥水装盆。水中加白胡椒粉、剩余盐和料酒，将鱼头、鱼骨焯至六成熟，放在豆芽菜上。

5 用同样的步骤将鱼肉片焯至六成熟，也就是刚变色不久后，盛出放在盛装豆芽菜的大碗中。

6 将干红辣椒段撒在鱼肉片上。锅中放油，将良姜、八角、桂皮、香叶、香茅，小火炸香后，捞出调味料弃去。

7 将油温提升至六成热，即手掌放在上方能感到明显热气的时候，放入青花椒，小火炸出香味。

8 最后将花椒连油一起浇在放鱼肉的大碗中即可。

烹饪秘笈

一般现在的超市都有代为去鳃去内脏的服务，回到家只需充分冲洗干净就可以了。斜切大片的时候，要注意刀斜的角度要比较大，尽量压着鱼肉切，切出的片大而薄，有些半透明状最好；注意下鱼片的时候要一点点下，不要一股脑都下锅汆水。

最易上手的河鲜

葱油花蛤

烹饪时间 15分钟 难度

特色 下班的路上买一斤花蛤，回家不到30分钟就能吃上晚餐了，十分方便快捷的河鲜料理。

主料

花蛤 500 克

辅料

姜块 15 克 ● 葱丝 25 克 ● 白酒 3 汤匙 ● 蒸鱼豉油 2 汤匙 ● 盐、香油 各适量 ● 油 2 汤匙

操作步骤 GO

1 将花蛤刷洗干净，然后放入加有盐和香油的清水中吐沙。姜块拍松备用。

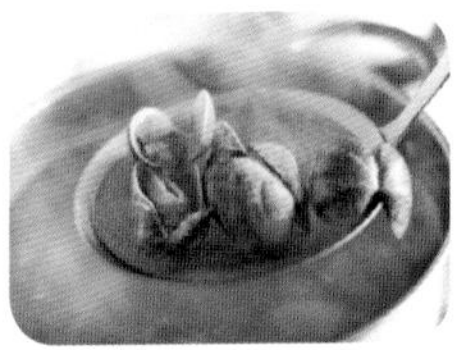

2 锅中放入姜块，加水烧至滚沸，将花蛤和白酒放入，汆烫至开口后，捞出沥干水分，放入盘中。

3 在花蛤上撒上葱丝和蒸鱼豉油。

4 锅中将油烧至八成热，也就是能看到明显油烟的时候，将锅离火，将热油浇在葱丝上即可。

烹饪秘笈 蛤蜊可加入适量盐、香油促进其吐沙，大约半天就可以吐干净。

操作步骤 GO

1 鲶鱼取中段肉质最肥厚的部位，切成2~3厘米的大段备用。另煮沸水备用。

2 锅中放油烧至六成热，放入拍松的大蒜，小火煸至大蒜微微焦黄，将蒜先盛出备用。

3 锅中留下带有蒜香味的油，保持油温，把葱段、姜片放入爆香。

4 放入鱼段，煎炒至鱼肉外表变色。

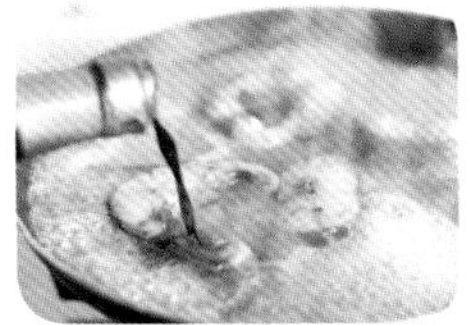

5 向锅中加入沸水，水量大致平齐食材，然后倒入料酒、酱油、白糖、鸡精和大蒜，大火煮开。

6 直至汤汁收浓，临近起锅的时候，将香醋倒入即可。

烹饪秘笈

大蒜拍松，利于它散发蒜香气息，同时让拍松的大蒜在空气中暴露20分钟左右，其中的大蒜素活性才会达到最强。

蒜跟鱼肉一样好吃

蒜子烧鲶鱼

烹饪时间 30分钟 难度

特色 绵软的鲶鱼肉，饱饱吸取了大蒜的香气，和米饭嚼在一起，好吃得停不下口。蒜吸收了鱼香与甜美的汁水，其味道更是惊艳。

主料

鲶鱼400克（取中段就可以）✹大蒜25克

辅料

酱油3汤匙✹白糖1茶匙✹料酒2汤匙✹葱段15克✹姜片15克✹香醋1汤匙✹鸡精1/2茶匙✹油4汤匙

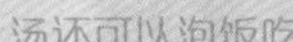

汤还可以泡饭吃

酸菜鱼

30分钟

特色 酸菜的加盟让鱼肉更加嫩滑、鲜美，而鱼肉也增加了酸菜的香，相得益彰。酸菜鱼的汤还可以泡饭吃，鱼肉吃光了就用汤泡一碗饭吧，不要浪费哦。

用料一览

主料 青鱼1条 ● 酸菜180克

辅料 小红辣椒3根 ● 姜片、蒜片 各15克 ● 鸡蛋1个 ● 白胡椒粉1/2茶匙 ● 盐1茶匙 ● 高汤底料1包 ● 料酒3汤匙 ● 淀粉 适量 ● 油5汤匙

营养贴士

青鱼肉质鲜美，除了低脂肪高蛋白，还含有易于被人体消化吸收的核酸，这是细胞生长必不可少的物质，常食青鱼能使人体细胞加速生长，使肌肤水嫩有光泽。青鱼还富含硒、碘、钙、铁、磷、锌等矿物质，常食非常有益健康。

操作步骤 GO

1 将鱼洗净，从鱼尾一刀至脊骨，平刀片下整片鱼肉。再将带有鱼骨的一侧剔除主要的脊骨。

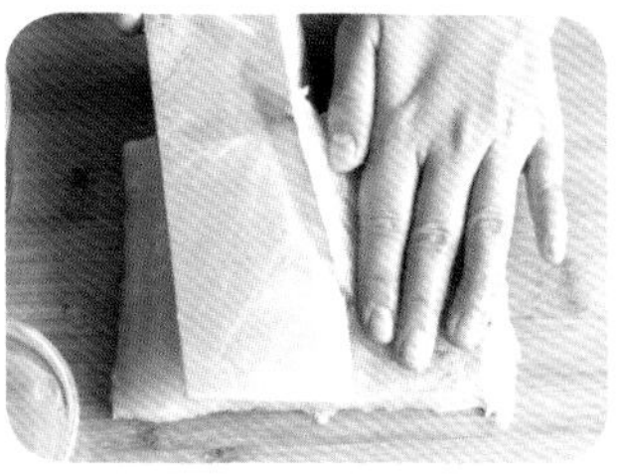

2 脊骨切段后，将鱼肉中残留的刺仔细剔除。酸菜切段备用。鸡蛋取蛋清；小红辣椒洗净切段。

3 将鱼肉斜刀切薄片，片要尽量薄而大。将鱼头、鱼骨、鱼片用盐、料酒、淀粉、蛋清抓匀上浆。

4 锅中放油烧至七成热，放入姜片、蒜片、小红辣椒、酸菜爆香。

5 放入能大致没过食材的清水煮开，再加入高汤底料搅匀。

6 放入鱼头、鱼骨，来熬制鱼汤，将汤继续熬成浓厚的奶白色。

7 取出鱼头、鱼骨，以免上面的棱角划破鱼片影响品相。

8 保持汤滚沸，放入鱼片汆熟，看到鱼片完全变色，放入白胡椒粉即可离火。

烹饪秘笈

如果家里没有高汤底料，用清水也可以；另外注意切鱼片的时候刀的角度要尽量大一些，这样的鱼片才够大。青鱼比草鱼好切，对于新手来说相对简单点，但是您可以根据自己的喜好选择草鱼等别的鱼。

特色 虾仁搭配鸡蛋可谓鲜上加鲜，看似平凡的两种食材碰撞出无与伦比的香浓，吃一口，心都跟着化了。

入口的温柔

虾仁跑蛋

烹饪时间 10分钟　难度

用料一览

主料　虾仁 150 克 ● 鸡蛋 3 个

辅料　蚝油 1 汤匙 ● 鲍鱼汁 2 茶匙 ● 白胡椒粉 1/2 茶匙 ● 白酒 2 茶匙 ● 油 4 汤匙

营养贴士

虾仁具有健脾胃、补肾阳的功效，在食用方面比活虾更方便。虾仁和鸡蛋都含有镁，而且鸡蛋中更含有较多的蛋氨酸、卵磷脂以及磷、铁等，与虾仁搭配食用会加倍有营养 。

1 如果买来的是鲜虾，去掉虾壳后，再去虾线洗净，如果是冻虾仁，只需要化冻后去虾线洗净。

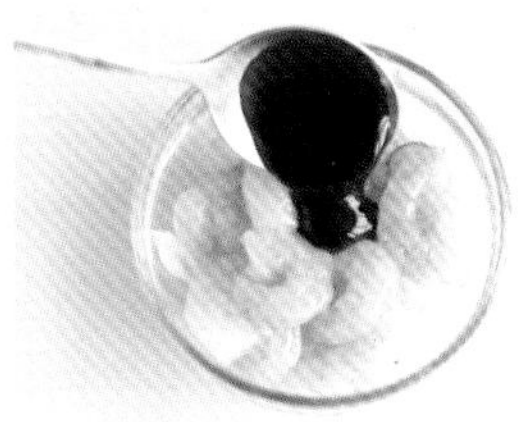

2 用蚝油、鲍鱼汁、白胡椒粉、白酒将虾仁抓拌均匀，腌制 15 分钟左右入味。

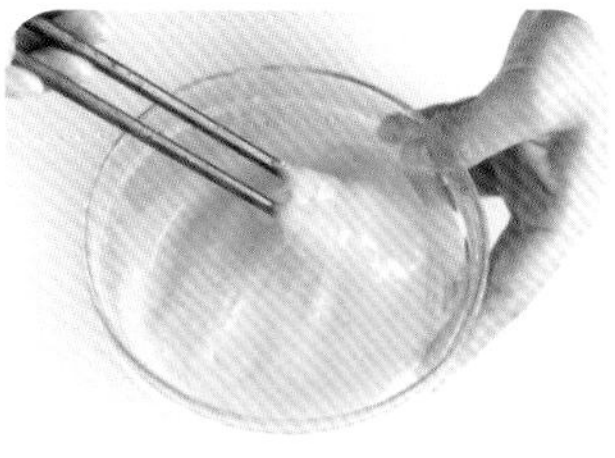

3 将鸡蛋打散成蛋液。注意由于虾仁经过了腌制，已有咸味，所以鸡蛋当中就不必再加盐了。

4 锅中放入 1 汤匙油烧至七成热，将虾仁放入，大火爆炒至八成熟，盛出备用。

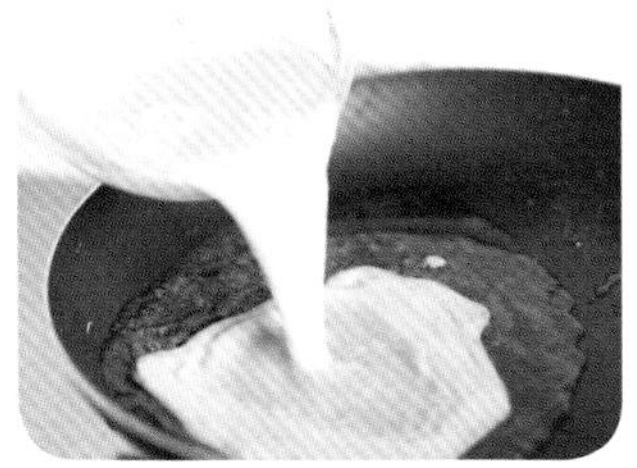

5 锅中重新放油烧至八成热，将蛋液放入。

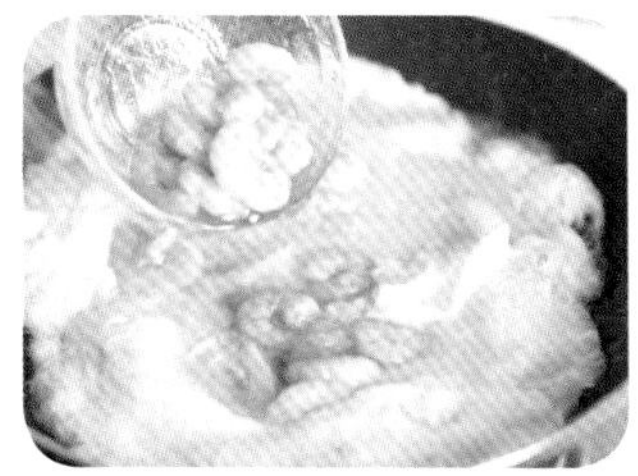

6 在鸡蛋中部的蛋液还没有完全凝固的时候，将虾仁放入。

7 将四周的鸡蛋向中间翻折，再将整张鸡蛋翻一个个儿，用筷子插一下，只要里面熟透了即可出锅。

烹饪秘笈

注意炒鸡蛋的油温要适度高一些，同时，油也可以适度多放一些，才利于鸡蛋蓬松。虾仁可以是冰冻的青虾仁，也可以是鲜虾剥的，后者味道更佳。

小虾也可以成大菜

油爆虾

烹饪时间 10分钟 难度 ///

特色 江南菜的特点，就是对小虾也会花心思烹制，这道菜鲜香酥脆，不输大菜。

主料

小河虾 300 克

辅料

香葱粒 10 克 ● 酱油 2 汤匙 ● 白砂糖 1 汤匙 ● 香醋 1 茶匙 ● 油 500 毫升（实耗约 50 毫升）

操作步骤 GO

1 将小河虾用清水冲洗干净，捞出沥水备用。

2 将酱油、白砂糖加少许温水调匀，至白砂糖全部溶解。

3 锅中放油烧至七成热，将小河虾放入，炸至虾身金黄焦脆后，捞出沥油。

4 锅中留下少许油，烹入调味汁，中火熬至酱汁浓稠。

5 迅速倒入小河虾，快速翻匀。

6 临出锅时沿锅边淋入一圈香醋提香，撒香葱粒即可。

烹饪秘笈

这道菜火候是关键，酱汁里含有糖，微微加热后会黏稠，火大了易煳锅。醋要最后放，否则受热后香气过早挥发，起不到提香的作用。

05 章

花样主食

米饭、米粉、面条，搭配不同肉类和蔬菜，可以炒来炒去，多出无数种花样做法。平时吃腻了白米饭或者大馒头，不妨试试其他主食的花样做法。做得好的主食不但可以满足饱腹的需求，有时候更可以独当一面，以一当十，自成一席。而且，花样主食更是早餐最重要的组成部分哦！

雅俗共赏

干炒牛河

特色 河粉爽口弹牙，牛肉鲜嫩香浓。这道镬气十足、焦香黄亮的干炒牛河，既能登上高档酒楼的大雅之堂，又能委身于路边摊、大排档，可谓雅俗共赏，是广东人都喜爱的经典美食。

用料一览

主料　牛里脊肉 80 克 ● 黄豆芽 25 克 ● 鸡蛋 1 个 ● 米粉 150 克 ● 白洋葱 50 克

辅料　蚝油 1 汤匙 ● 白酒 1 茶匙 ● 酱油 2 汤匙 ● 白胡椒粉 1 克 ● 白糖 1/2 茶匙 ● 香葱段 30 克 ● 姜末 5 克 ● 老抽 2 茶匙 ● 鸡粉 1/2 茶匙 ● 淀粉少许 ● 熟白芝麻 少许 ● 油 5 汤匙

花样主食

营养贴士

河粉是大米做成的，看着像面条，但是更容易消化。河粉能为身体提供足够的碳水化合物，让我们的身体更具活力。

操作步骤 GO

1 将牛里脊切片，用蚝油、白酒、淀粉和1茶匙老抽抓拌均匀，并腌制40分钟左右备用。

2 白洋葱洗净切丝，泡入清水中备用，豆芽择洗干净。米粉放入沸水中烫煮1分钟，捞出沥水。

3 鸡蛋打成蛋液，平底锅抹少许油烧热，将蛋液放入，旋动锅身摊成一张蛋皮，盛出晾凉切丝。

4 锅中放油烧至七成热，爆香姜末后，先将牛肉片放入，大火煸20秒左右断生，盛出备用。

5 锅中留油保持油温，将香葱段、洋葱、豆芽放入煸香，至微微变软。

6 放入牛肉和煮好的米粉，加入白糖、酱油、鸡粉、白胡椒粉和剩余的老抽，大火快速炒匀，直至牛肉熟透。

7 出锅装盘，将蛋丝摆在上面。

8 最后撒上熟白芝麻即可。

烹饪秘笈

放鸡蛋丝是比较讲究的做法，嫌麻烦的也可以忽略这一步。这道菜真正的关键是要猛火快炒，让成菜充满镬气。

层层分明，口口鲜香

肉末千层饼

30分钟 烹饪时间

难度

特色 此饼层层分明，口口鲜香，外酥里暄，金黄油润，热食不腻，凉吃不散。

用料一览

主料 猪肉馅 500 克 ● 面粉 300 克

辅料 葱末 10 克 ● 姜末 10 克 ● 花椒 5 克 ● 酱油 2 汤匙 ● 料酒 2 汤匙 ● 鸡汁 2 茶匙 ● 盐 1 茶匙 ● 香油 1 汤匙 ● 油 适量

营养贴士

这道主食中加了香喷喷的肉末，提供了充足的蛋白质。而如果只吃这个，蔬菜的摄入就不够了，可以搭配一些清爽的蔬菜，例如黄瓜、苦瓜、芹菜等，以富含膳食纤维和维生素的食材为最好。

操作步骤 GO

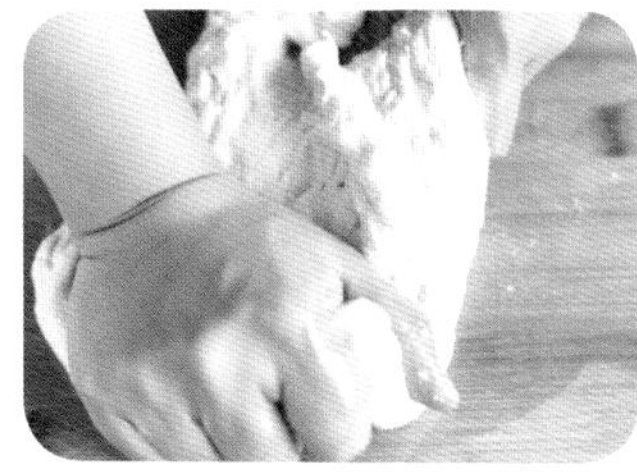

1 面粉加入适量清水，揉成稍软的面团，静置一会备用。

2 花椒泡温水制成花椒水。猪肉馅加入花椒水和除油之外的所有辅料，拌匀上劲。

3 根据自家平底锅的大小，取适量面团擀成 3~5 毫米厚的面饼，舀入适量肉馅抹匀。

4 将面饼纵切 4 刀，形成 3 个宽条。注意两侧的宽条中间可以不切断。

5 将两侧的饼条上下交替叠好，像叠被子一样。在外侧抹上少许油，再向中间饼条的中央叠放。

6 将中间饼条的上下部依次翻折到中间，盖上叠摞的面饼。

7 压实边缘，然后再擀平成一个面饼。

8 平底锅烧热油，油温大致在六七成热，放入面饼，两面烙熟即可。

烹饪秘笈

注意搅拌肉馅时需要顺着同一个方向反复搅打，否则肉馅会散乱，失去筋力，不能上劲。

倾国倾城

扬州炒饭

烹饪时间 10分钟 难度

特色 不知道是一座城，因这碗饭而驰名海内外，还是这碗饭，因这座城而长盛不衰？

主料

米饭 150 克 ● 鸡蛋 1 个 ● 火腿 30 克 ● 胡萝卜 40 克 ● 熟豌豆 20 克 ● 熟玉米粒 30 克

辅料

香葱粒 15 克 ● 盐、鸡精 各 1/2 茶匙 ● 油 适量

操作步骤 GO

1 胡萝卜洗净、去皮、切成碎末；火腿切碎；鸡蛋打散备用。

2 米饭最好用隔夜饭，炒制之前事先取出在室温中回暖，并尽量搅散备用。

3 锅中放油烧至八成热，将蛋液翻炒成蛋花，下入米饭、胡萝卜、火腿丁、豌豆、玉米粒翻炒均匀。

4 调入盐、鸡精炒匀，撒入香葱粒即可。

烹饪秘笈 炒饭最好用隔夜饭，并且在炒制之前尽量搅散，可以让炒制的工作更容易。用料中的熟玉米粒可以是煮熟的玉米直接掰下或者是罐装甜玉米粒。

操作步骤 GO

1 圆白菜先逐片剥下，充分浸泡，然后洗净，切成粗丝；烙饼切成差不多粗细的丝；鸡蛋打散备用。

2 锅中放 3 汤匙油烧至八成热，下入鸡蛋液大火迅速翻炒成蛋花，盛出备用。

3 锅中重新倒入剩下的油烧至五成热，煸香葱花，下入圆白菜丝煸炒至变软。

4 下入饼丝翻炒，加入酱油炒匀。

5 下入炒好的鸡蛋，翻炒均匀。

6 加入盐、鸡精，调味炒匀即可。

烹饪秘笈

如果不嫌麻烦，可以先将饼丝放入锅中炒至表面微干。因为一会儿下锅的蔬菜中水分比较多，会让饼过于绵软。这样事先炒制之后的饼口感会更有韧性和咬劲。

不可貌相

鸡蛋炒饼

特色 听上去好像十分朴素的一道菜，但一旦你看到、闻到，便再也无法拒绝！热乎乎油滋滋的炒饼，真不可貌相！

主料

烙饼 150 克 ● 圆白菜 150 克 ● 鸡蛋 2 个

辅料

葱花 8 克 ● 酱油 1 汤匙 ● 鸡精 1/2 茶匙 ● 盐 2 克 ● 油 5 汤匙

极具韩国情调

泡菜炒饭

10分钟 烹饪时间　难度

特色 泡菜酸中带甜，辣里透鲜，与米饭充分混合，带来独特的味觉体验。韩剧迷们想必都很乐于亲身一试吧？

用料一览

主料　剩米饭 300 克 ● 韩国泡菜 100 克

辅料　鸡蛋 2 个 ● 葱 1 根

营养贴士

在普通的米饭中增加蔬菜和蛋类，能够让主食的营养更加丰富全面，但是不要把这样的主食当成一餐的全部。像这道主食，还可以搭配一些坚果和蔬菜，来补充维生素、矿物质等，例如腰果西芹。

操作步骤 GO

1 剩米饭最好是隔夜的米饭，打松散。

2 将鸡蛋打散成蛋液；辣白菜切块或者丝；葱切成葱花。

3 热锅内放油，大火，倒入蛋液，迅速搅动，八成熟的时候盛出来备用。

4 原锅倒入米饭，炒透，倒入鸡蛋继续翻炒。

5 放入辣白菜，炒匀到米饭变成红色。

6 放入葱花，炒匀就可以吃啦。

烹饪秘笈

炒饭的时候建议开大火快速翻炒，油不能少，最好将饭粒炒得在锅中能跳起来最好吃。泡菜中本身含有盐分，所以不用另外放盐了。

美味情缘

肉丝炒年糕

烹饪时间 10分钟 难度

特色 沉甸甸的年糕是积蓄了一年的力量，弹牙的口感是对辛苦劳作的回报。边吃着炒年糕边等待，那份你期待的爱情早晚会出现。

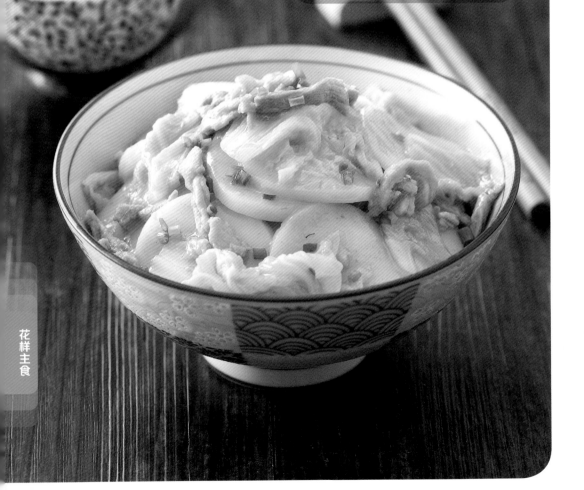

用料一览

主料 猪肉 80 克 ● 大白菜 200 克 ● 年糕片 100 克

辅料 葱末、姜末 各 8 克 ● 料酒 1 汤匙 盐 1 茶匙 ● 酱油 2 汤匙 ● 香葱粒 5 克 ● 鸡精 1/2 茶匙 ● 香油 少许 ● 油 4 汤匙

营养贴士

这道菜的营养成分比较全面，能够满足身体的大部分需要。年糕在消化道中需要更多的时间去消化，所以我们可以搭配酸辣汤这样的汤品来帮助促进消化。

操作步骤 GO

1 将年糕片取出，拆散成一片片的。同时将猪肉洗净切片，用料酒、葱末、姜末和 1/2 茶匙盐拌匀，腌制去腥。

2 大白菜洗净，切成大片备用。

3 锅中放油烧至五成热，放入肉丝和 5 毫升酱油快速煸炒至肉丝变色。

4 然后下入白菜，炒至白菜断生，即让白菜稍稍变软。

5 加入年糕、200 毫升左右的清水，再加入鸡精、剩余的酱油和盐，大火煮开后转中小火。

6 焖煮至汤汁收浓，淋香油，撒上香葱粒即可。

烹饪秘笈

这道菜如果喜欢颜色更深的，可以在炒制的时候加一些老抽。

西葫芦的贡献

糊塌子

烹饪时间 15分钟 难度 /////

特色 口感软嫩，香浓好吃，兼顾营养与美味，兼顾主食与蔬菜，好吃又好做，厨艺零基础也可以做出来。

主料

西葫芦 1 个 ✽ 鸡蛋 3 个 ✽ 面粉 150 克

辅料

葱花 15 克 ✽ 鸡粉 1/2 茶匙 ✽ 盐 适量 ✽ 油 适量

操作步骤 GO

1 西葫芦洗净、擦丝，加入适量盐拌匀，放置一会儿，这样能够让西葫芦析出水分。

2 鸡蛋打散成蛋液备用。

3 待西葫芦出汤后，将蛋液、葱花、面粉、鸡粉放入装西葫芦的容器中拌匀，调成糊状。

4 平底锅烧热油至六成热，盛入适量面糊摊成饼，煎至两面金黄即可。

烹饪秘笈 制作面糊时，可以根据西葫芦的出水量选择是否添加清水。

操作步骤 GO

1 将五花肉洗净，切成碎丁；用少许温水浸泡花椒粒得到花椒水，用它和料酒一起腌制五花肉去腥。

2 黄瓜、胡萝卜分别去皮洗净，切成细丝；豆芽菜洗净后焯熟捞出，和黄瓜、胡萝卜装盘为面码。

3 锅中放适量油烧至五成热，将五花肉放入，中小火煸炒，直至析出油分。

4 倒入黄酱、甜面酱，加入白砂糖、葱末，然后加适量水稀释，搅拌并慢熬至水分基本收干（喜欢稍甜口味可都放甜面酱，减少糖）。

5 烧一锅沸水，将面条煮熟后捞出，冲一下凉水，沥干水分。

6 将酱与面拌匀，撒入面码即可。

烹饪秘笈

加水稀释后酱的黏稠度和粥差不多就行，注意熬酱时要一直不停搅拌。面码也可以选择黄瓜、红萝卜、豆芽菜等组合。

独门绝技

炸酱面

烹饪时间 30分钟　难度 ///

特色 炸酱咸鲜诱人，菜码清新爽口，面条筋道弹牙。名满天下的炸酱面对于北京人来说，是再家常不过了，每家也都有自己的独门绝技。

主料

手擀面 500 克 ● 黄瓜 1 根 ● 胡萝卜 150 克（或用红萝卜）● 豆芽菜 100 克 ● 五花肉 100 克（肥瘦各半）

辅料

黄酱 50 克 ● 甜面酱 50 克 ● 白砂糖 5 茶匙 ● 花椒粒、葱末 各 15 克 ● 料酒 1 汤匙 ● 油 适量

广受欢迎的

肉丝炒面

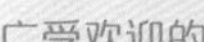

特色 色泽油润，软滑鲜香。谁的大学时代，没吃过校门口小馆子的肉丝炒面呢？既能填饱肚子，又能满足营养需求，价格还亲民，实在是正餐、夜宵之最佳选择。

用料一览

主料 猪里脊肉 100 克 ● 鲜面条 150 克 ● 胡萝卜 30 克 ● 黄豆芽 30 克 ● 青椒 50 克

辅料 葱丝、姜丝 各 8 克 ● 酱油 2 汤匙 ● 料酒 1 汤匙 ● 盐、鸡精 各 1/2 茶匙 ● 香油 少许 ● 油 4 汤匙

营养贴士

这道肉丝炒面既可以作为一餐简单的主食，又可以作为便当，在里面再加一些鱿鱼丝、洋葱丝等，使其营养更加全面，这样的便当才更精彩。

操作步骤 GO

1 猪肉、胡萝卜分别洗净，切成和切面差不多粗细的丝，长短在 7 厘米左右就可以。

2 将猪肉用料酒、5 毫升酱油、1 克盐拌匀腌制。黄豆芽择洗干净；青椒去蒂去子，洗净切丝。

3 锅中水烧至滚沸后将面条放入拨散，待水再次滚沸后，将面条捞出沥水，放入 1 汤匙油略搅拌。

4 锅中放油烧至五成热，将葱丝、姜丝、肉丝放入，煸炒至肉丝变色。

5 然后放入胡萝卜丝、黄豆芽、青椒丝、面条，中大火力反复翻炒。

6 加入鸡精及剩余的酱油、盐调味炒匀，面条熟透后淋香油出锅即可。

烹饪秘笈

检验面条是否熟透的最简单方法就是用铲子切一下面条，看到里面没有白心就证明熟透了。

你中有我，我中有你

二米饭

烹饪时间 90分钟 难度 ✓

特色 如今，吃二米饭的家真是不多了。但论营养，大米饭是比不上二米饭的。更何况，它还承载着许多人的记忆，记忆里有老家，还有家中的老妈妈。

主料

大米 300 克 ● 小米 100 克

操作步骤 GO ▸

1 小米洗净，放入清水中浸泡 1 小时。

2 大米淘洗干净。

3 将小米与大米混合，平铺在电饭锅锅底。

4 加入适量清水，煮熟即可。

烹饪秘笈 煮饭时，加入的水量以没过饭的平面一节食指肚就可以。

06 章 一碗好汤

为何是洗手做羹汤，而不是洗手做小炒？因为幸福的一餐饭，离不开一碗好汤，酒足饭饱之后，更需要一碗好汤来溜溜缝，方觉得志得意满。学会了几手好菜，更需要学会几款好汤来压轴。中国好汤实在是风情万种，只等待你来尝试。

扎根寻常百姓家

榨菜肉丝汤

特色 有时候，一个无心之举也许就会成就了一个传奇。虽无证可考，但我猜想，发明它的人肯定无法预料到它能有今天的江湖地位。

用料一览

主料　猪里脊 100 克 ● 原味榨菜 50 克 ● 胡萝卜 20 克

辅料　淀粉 10 克 ● 鸡蛋 1 个 ● 酱油 1 汤匙 ● 料酒 2 茶匙 ● 鸡精 1/2 茶匙 ● 香油少许 ● 盐适量 ● 油适量

营养贴士

这道汤既能暖胃又能养胃，咸度适中的榨菜，还有生津之功效。一餐结束，喝上一碗，营养又惬意。

操作步骤 GO ▶

1 猪里脊肉洗净、切丝，加入料酒、淀粉抓匀，上浆入味。

2 胡萝卜洗净去皮、切丝，或者用擦丝器直接擦成丝；鸡蛋打散备用。

烹饪秘笈

注意鸡蛋要打至均匀无胶状才能保证蛋花好看，原味榨菜可以尝一下，如果味道过重的，可以先用水洗一下。

3 锅中放油烧至四成热，即手掌放在上方能感到微微热气的时候，下入猪肉丝滑散。

4 加入胡萝卜丝、榨菜炒匀，烹入少许酱油稍煸炒。

5 往锅里加入适量热水煮至热水煮沸，用装着蛋液的碗在锅上方，一边画圈一边徐徐淋下蛋液。

6 最后根据口味加盐调味，加鸡精，淋入香油即可。

势分三足鼎，汤内有乾坤

三鲜砂锅

烹饪时间 25 分钟　难度

特色 就好比桃园三结义，兄弟齐心，其利断金。正因如此，才鲜得有道理。

主料

大虾 200 克 ● 嫩豆腐 1 盒 ● 娃娃菜 1 棵 ● 鱼丸 80 克 ● 干香菇 6 朵 ● 粉丝 1 小把

辅料

盐、鸡精 各 1 茶匙 ● 香油 1 茶匙 ● 白胡椒粉 1/2 茶匙

操作步骤 GO

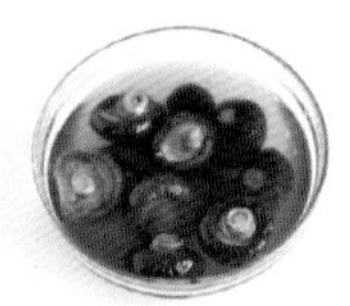

1 将干香菇放入温水中充分浸泡后，冲洗干净，泡香菇的水滤去残渣后留用。

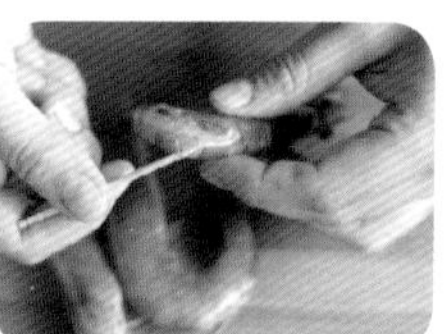

2 将大虾背部划开一刀，去虾线后洗净。

3 嫩豆腐切成 2 厘米见方的块。

4 娃娃菜将叶片分别掰开成一片片的，洗净备用。

5 锅中放入泡香菇的水，再补足一些清水，煮沸。这道菜用砂锅烹饪效果更佳。

6 将除粉丝外的所有食材煮熟。

7 加入盐、鸡精、白胡椒粉、香油调味。

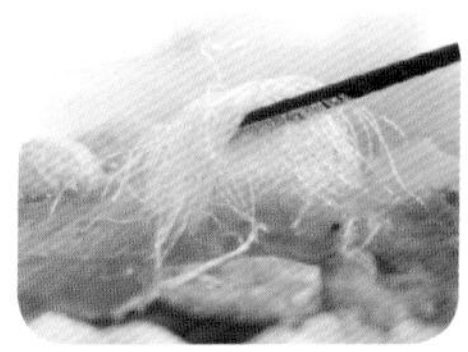

8 最后放入粉丝煮熟即可。

烹饪秘笈

盒装的嫩豆腐其实很好取出，盒底部剪开一个小口，使一些空气能够进入，然后在正面划开封膜，豆腐就整块倒扣出来了。

操作步骤 GO

1 把剁好的猪肉馅放进小碗里，加生抽、姜末、料酒、淀粉、蛋清顺一个方向搅打均匀。

2 冬瓜洗净去皮去子，切成 2~3 毫米厚的小薄片备用。

3 锅内加高汤（没有高汤，用清水也可），大火煮沸后，下切好的冬瓜片煮3~5分钟至开锅。

4 冬瓜煮开后锅后，转小火，用汤匙将调好的猪肉馅舀起或用手搓成丸子逐个下锅。

5 待所有的丸子下锅定型后，改大火煮沸 2 分钟，用汤勺小心去掉汤表面浮沫。

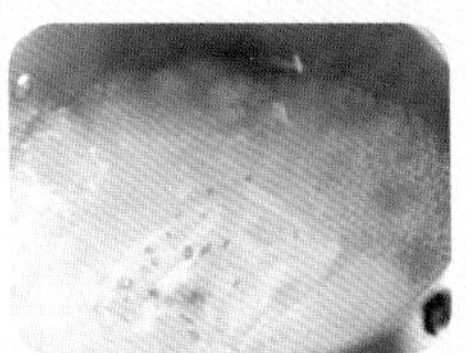

6 汤里调入盐和白胡椒粉，盛入汤盆后淋少许香油，撒上葱末、香菜末即可。

烹饪秘笈

淀粉不宜多放，会影响口感；丸子已经有了咸淡，汤中放盐要谨慎。

合作竟能如此愉快

冬瓜丸子汤

烹饪时间 20 分钟　难度 ////

特色 这个菜，当妈的得会做，营养又下饭；当主妇的得会做，经济又省事；一个人过就更得会做，鲜美又养人，感受家的味道，也是幸福的味道。

主料

冬瓜 250 克 ● 猪肉馅 150 克

辅料

高汤 1500 毫升 ● 生抽 1/2 茶匙 ● 料酒 1 茶匙 ● 淀粉 1 茶匙 ● 鸡蛋清适量 ● 白胡椒粉 2 克 ● 葱末、姜末各 10 克 ● 香菜末适量 ● 香油、盐各 1/2 茶匙

这就是生活，这就是爱

排骨海带汤

80分钟
烹饪时间

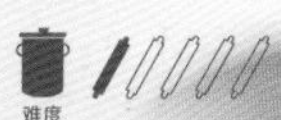
难度

特色 在餐桌上，排骨海带汤总有它的一席之地。家人围坐，啃着骨头，嚼着海带，咕噜咕噜喝着汤，天南海北地话家常，其乐融融。

用料一览

主料 肋排 400 克 ● 海带结 250 克

辅料 葱段、姜片各 15 克 ● 料酒 2 汤匙 ● 盐 适量 ● 鸡精 1/2 茶匙

一碗好汤

营养贴士

排骨中的蛋白质和钙质在炖煮之后更容易被吸收，同时海带中所具备的微量元素，是很多陆地蔬菜所不具备的，尤其对于长时间面对电脑的上班族，多吃一些海产蔬菜十分重要。

1 肋排斩段，放入水中，浸泡出多余的血水后洗净；海带结仔细洗净。

2 锅中加入清水和料酒，冷水下入肋排。

烹饪秘笈

肋排最好不要沸水下锅，否则外层的蛋白质首先凝固，会阻止内部的血水溢出，使排骨有腥气。另外，最好最后再放盐，否则会使排骨的肉质变紧，影响口感。

3 焯烫至变色后，撇去浮沫，捞出备用。

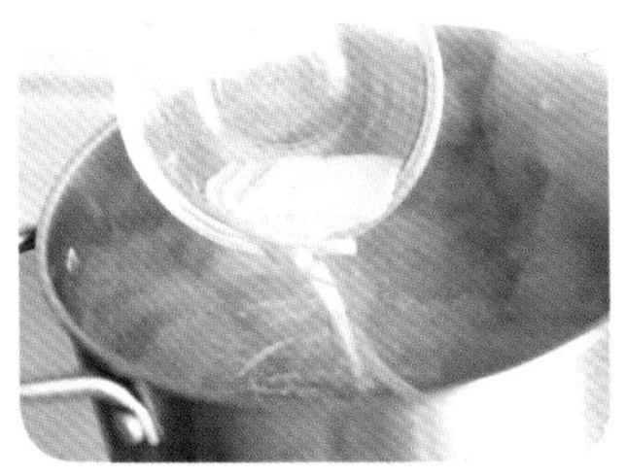

4 锅中重新注入清水烧沸，加入葱段、姜片、排骨烧开。

5 转小火，加盖炖煮 1 小时左右。

6 将海带结下入锅中，继续炖煮 5 分钟，加入盐、鸡精调味即可。

温柔的时光

酒酿圆子

烹饪时间 10 分钟 难度 /////

特色 自己做酒酿，自己做圆子，自己煮一碗来喝，时光是如此惬意。

主料

酒酿 200 克 ● 小圆子 50 克

辅料

冰糖 10 克 ● 糖桂花酱 1 汤匙

操作步骤 GO

1 锅中放入清水煮沸，下入冰糖熬化。

2 然后放入酒酿煮沸。

3 下入圆子煮开后改小火继续煮。

4 差不多 5 分钟后，待圆子漂浮、略微变大，加糖桂花酱调味即可。

烹饪秘笈 食用时可根据口味加入水果或者桂花酱。

操作步骤 GO

1 干木耳、干香菇分别用温水泡发，洗净切丝；猪肉、笋片分别洗净切丝；香菜洗净切碎备用。

2 锅中放油烧至四成热，下入猪肉丝滑散，用部分料酒烹香后盛出。

3 净锅中加入清水煮开，下入鸡汁、豆腐、香菇、木耳、笋丝、肉丝，煮沸后改小火。

4 调入酱油、盐、白胡椒粉、剩余料酒调味，然后用水淀粉勾芡。

5 鸡蛋打散成蛋液，然后用装着蛋液的碗在汤锅上方，一边画圈一边徐徐淋下蛋液。

6 最后加入米醋搅拌均匀，淋入香油，撒入香菜即可。

烹饪秘笈

注意淋蛋液的时候，汤要一直保持微滚或者滚沸，这样才能做出漂亮的蛋花；此外水淀粉的用量以汤汁略变得浓厚一些就可以，不必做成羹一样的稠度。

一碗浓汤开开胃

酸辣汤

烹饪时间 15分钟 难度

特色 每喝一口，都让自己的舌头静待味道慢慢消去，然后迫不及待地再喝一口，这就是总也停不下的节奏，吃饱了再喝照样开胃……

主料

猪里脊肉 100 克 ● 笋片 50 克 ● 嫩豆腐 50 克 ● 干木耳 5 克 ● 干香菇 3 朵 ● 鸡蛋 1 个

辅料

香菜 15 克 ● 鸡汁 1 汤匙 ● 料酒 2 茶匙 ● 酱油 2 汤匙 ● 米醋 3 汤匙 ● 白胡椒粉 1/2 茶匙 ● 水淀粉适量 ● 香油 少许 ● 盐 1/2 茶匙 ● 油 2 汤匙

鱼头豆腐汤

烹饪时间 90 分钟　难度 

特色 当想要用鱼头来熬汤时，人们总会想到它的好搭档——豆腐。乳白色的汤滋味鲜香，滑嫩的豆腐口感细腻，满满地是十足的诚意。

用料一览

主料　鱼头 1 个 ● 豆腐 250 克

辅料　姜 10 克 ● 香葱 20 克 ● 盐 适量 ● 油 适量

营养贴士

鱼肉和豆腐是一对完美的营养搭档。二者组合，动物蛋白和植物蛋白相辅相成，并且十分易于被吸收。鱼头中还含有大量的卵磷脂，对于脑部健康非常有益，可以说是脑力工作者的福音。

操作步骤 GO

1 鱼头去鳃洗净，纵刀剖成两半；姜洗净、切片；香葱去根、洗净、切粒。

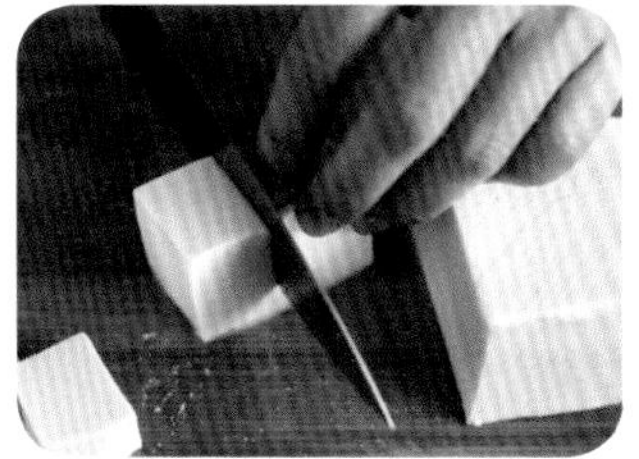

2 豆腐切成 2~3 厘米见方的块备用。同时烧开适量清水备用。

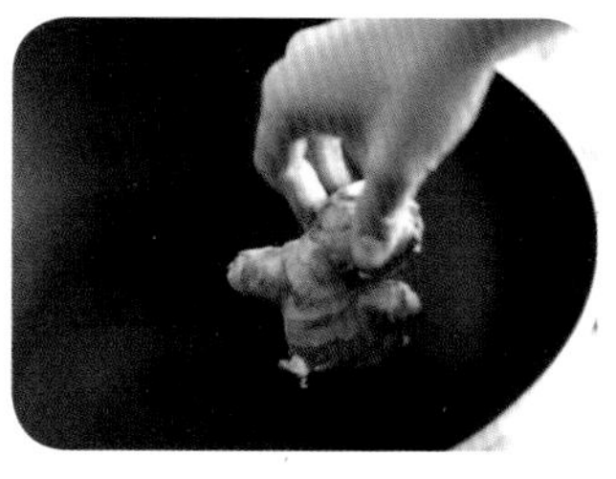

3 炒锅烧热，用姜片将锅内壁擦一圈，这样可以有效防止煎制时粘锅。

4 放油烧至七成热，即能看到轻微油烟时，下入鱼头煎至两面变色，加入足量烧沸的清水。

5 将鱼头及汤水倒入砂锅中，炖煮 1 小时左右，汤色会逐渐变为浓白色。

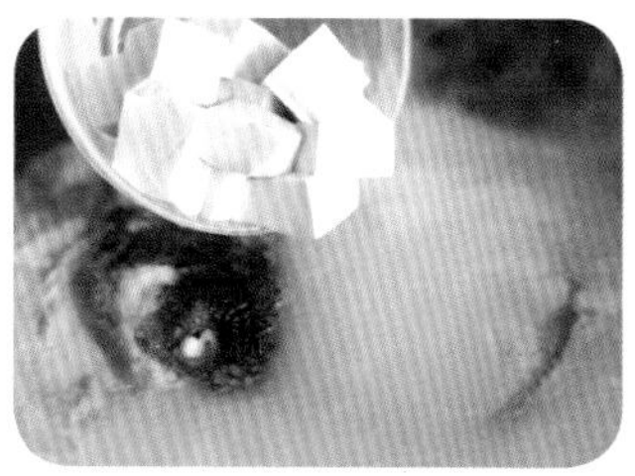

6 豆腐块加入砂锅中，再炖煮 10 分钟。

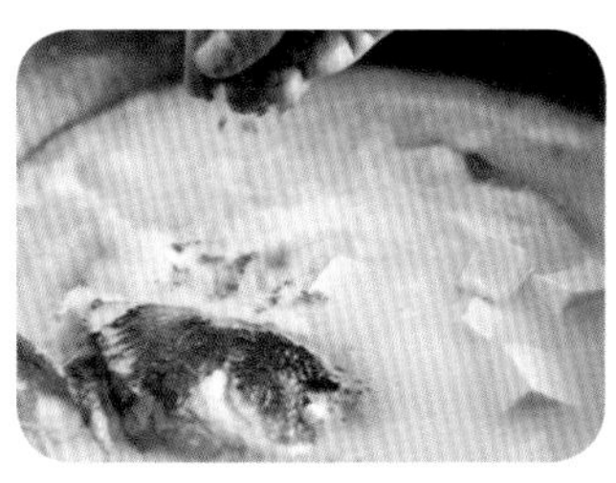

7 最后根据自己的口味加盐调味，撒入香葱粒即可。

烹饪秘笈

这道菜的鱼头可以选择胖头鱼、青鱼、鲢鱼、三文鱼等。清理鱼头的时候注意仔细冲净残留的泥沙，鳃一定要去净，否则直接影响汤的口感。

海的气息迎面扑来

紫菜蛋花汤

烹饪时间 05分钟 难度 /////

特色 着急做一碗汤的时候试试紫菜蛋花汤吧，如此简单的好汤再不学会，苍天都要流泪了。

主料

干紫菜 15 克

辅料

鸡蛋 1 个 ● 香葱 10 克 ● 盐 1/2 茶匙 ● 鸡精 2 克 ● 香油 少许

操作步骤 GO

1 鸡蛋打散备用；香葱洗净、切粒。

2 锅中加入清水煮沸，将紫菜下入锅中，紫菜会迅速变软涨发。

3 用装着蛋液的碗在汤锅上方，一边画圈一边徐徐淋下蛋液。

4 最后调入盐、鸡精，淋入香油，撒入香葱粒即可。

烹饪秘笈 这道汤还可以放入一些虾皮增香提味。

操作步骤 GO

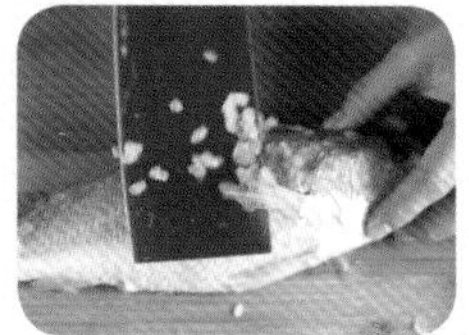

1 大黄鱼去鳞、鳍、内脏等，收拾干净后洗净，在鱼身两边侧刀划开几刀，用料酒抹匀鱼身。

2 雪菜放入清水中浸泡几小时后，去掉多余的咸味，取出洗净、切碎。同时烧开一锅水。

3 锅烧热，先用姜片抹匀内壁以防粘锅，再放入油，将黄鱼煎至两面金黄，倒入沸水，煮至汤色变白。

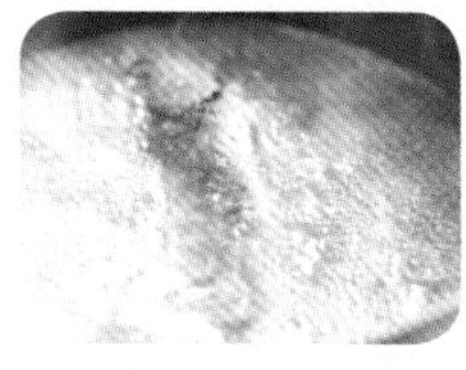

4 然后转小火炖煮 20 分钟左右。

5 另起锅加入 2 汤匙油，下入雪菜煸炒出香味，去掉生涩的味道，盛入鱼汤中，继续煮 5 分钟。

6 最后调入盐，注意盐的用量不要太多，因为雪菜中已有咸味。最后放入香葱粒即可。

烹饪秘笈

炖煮的环节中，如果条件允许，也可以将黄鱼及汤汁倒入砂锅，以中小火炖煮 20 分钟左右。

唯有胃不能辜负

雪菜黄鱼汤

烹饪时间 30 分钟　难度 ///

特色 黄鱼肉的鲜味和雪菜的咸味相互交融，蒜瓣肉的质感还在，爽脆的口感也还在，更多了这一大碗鲜美到醉的汤，还有什么不满足?

主料

大黄鱼 1 条 ● 腌渍雪菜 150 克

辅料

姜片 15 克 ● 香葱粒 20 克 ● 料酒 2 汤匙 ● 盐 适量 ● 油 4 汤匙

吃生煎要喝的汤

咖喱牛肉粉丝汤

烹饪时间 140分钟 难度

特色 上海料理里必须要跟生煎一起喝的汤，生煎包已经风靡全国了，那么这道汤也要学会吧。

用料一览

主料 牛腩 200 克 ● 干粉丝 20 克

辅料 香葱粒 20 克 ● 香菜末 10 克 ● 咖喱粉 4 茶匙 ● 姜片 15 克 ● 香叶 1 片 ● 干红辣椒 2 根 ● 料酒 2 汤匙 ● 酱油 4 茶匙 ● 老抽 2 茶匙 ● 鸡精 1/2 茶匙 ● 盐 适量

一碗好汤

营养贴士

这是一道可以用来当饭吃的汤品。粉丝的原料是粮食，所以可以提供充足的碳水化合物，让身体有力气，而牛肉更是补气血的神物，并且低脂肪，多喝一碗也无妨。

操作步骤 GO

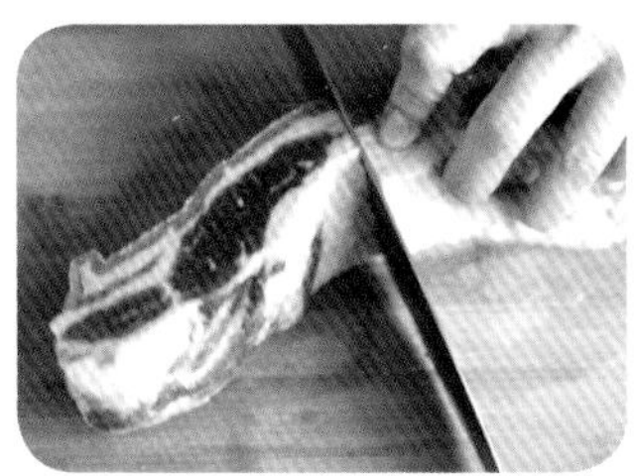

1 牛腩洗净、切块，放入冰水中浸泡，去掉多余的血水。

2 锅中放入清水、姜片、牛肉、香叶、干红辣椒、料酒煮开，放入酱油、老抽，中小火炖煮 2 小时。

3 将粉丝放入水中泡发。

4 牛腩炖好后，将其捞出沥干，稍晾凉、切片。

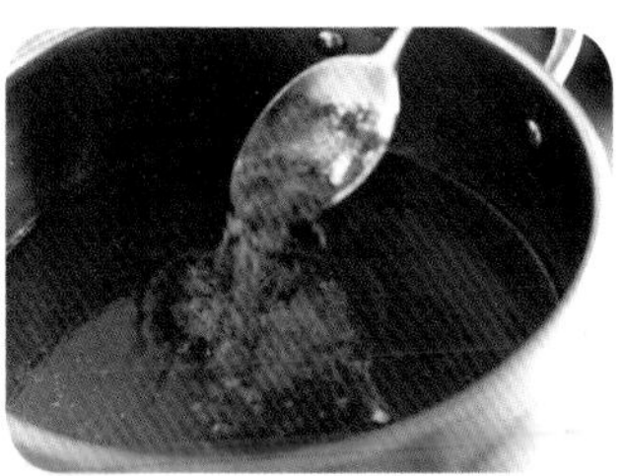

5 取炖牛腩的汤，加入适量清水煮开，加入咖喱粉、盐、鸡精拌匀，下入粉丝稍烫煮至粉丝熟。

6 将咖喱粉丝汤盛出，码上牛腩片，撒入香葱粒、香菜末即可。

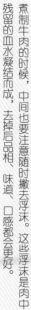

烹饪秘笈

煮制牛肉的时候，中间也要注意随时撇去浮沫。这些浮沫是肉中残留的血水凝结而成，去掉后品相、味道、口感都会更好。

热腾腾，暖呼呼

疙瘩汤

烹饪时间 10分钟 难度

特色 属于可以当饭的汤，胃口小的，喝一碗可以当夜宵了。喝一碗疙瘩汤，浑身都暖起来了，胃口真的喜欢呢。

主料

番茄 2 个 ● 鸡蛋 1 个 ● 油菜 100 克 ● 面粉 100 克

辅料

葱花 15 克 ● 鸡精 1 茶匙 ● 白糖 2 茶匙 ● 香油 1 茶匙 ● 盐 8 克 ● 油 适量

操作步骤 GO

1 番茄洗净，去皮去蒂，切丁。油菜掰开洗净，最好在清水中充分浸泡一下；鸡蛋打散备用。

2 锅中放油烧至五成热，下入葱花煸香，再下入番茄丁，持续煸炒至呈糊状、无大颗粒。

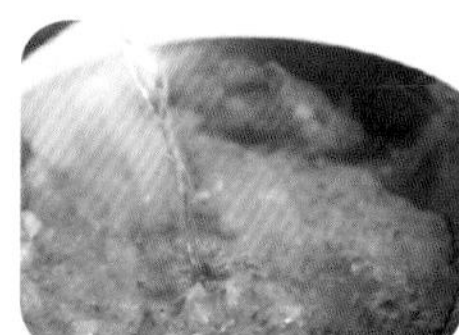

3 加入少许白糖搅匀后，加入适量清水烧开，水量大致多于锅中食材的2倍，下入油菜。

4 将面粉放入容器中，淋入少许清水，用筷子来回拌，表层的面粉会成小疙瘩状。

5 将小面粉疙瘩拨到一边，再淋入清水，反复这个过程，至面粉全变成小疙瘩状。

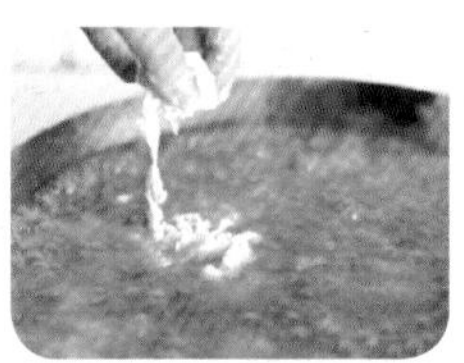

6 将面疙瘩下入锅中搅散煮沸，改小火再煮 2 分钟。

7 用装着蛋液的碗在汤锅上方，一边画圈一边徐徐淋下蛋液。

8 调入盐、鸡精，淋入香油即可。

烹饪秘笈 注意制作小面疙瘩的时候，要尽量使其大小均匀，否则会出现生面疙瘩。

07章

小吃和小菜

除了正式的大餐，中华料理中的小吃和小菜，也占据了相当重要的地位。当您想不起做什么的时候，不妨尝试几样中华名小吃，也许会让您的餐桌与众不同。麻辣鲜香的冒菜、酒香四溢的糟毛豆、吃下去流眼泪的芥末菠菜……更让您体验到什么是五味人生。

不能忽视的存在

响油豇豆

10 分钟 烹饪时间　难度

特色 一盘小菜碧绿青翠，做法简单，摆着好看；一勺响油"滋啦"一声，图的是个淋漓痛快。这有声有色、赏心悦目的日子，过着才舒坦。

用料一览

主料　豇豆 500 克

辅料　大蒜 4 瓣 ● 生姜少许 ● 油 1 汤匙 ● 白糖、盐、鸡精、花椒粒各少许 ● 香醋 1 茶匙 ● 生抽 1 茶匙

营养贴士

豇豆是养胃的好食材，脾胃虚弱的人，多吃豇豆很有好处。豇豆中所含的膳食纤维能增强消化道蠕动的活力。同时，豇豆还能促进胰岛素分泌，糖尿病患者也可以多吃一些。

操作步骤 GO

1 豇豆择洗干净后切成寸段备用。

2 豇豆在开水中焯熟，放凉水里过凉后捞出沥水。

3 大蒜、生姜剁碎。

4 将蒜末、姜末放入盛豇豆的碗中，调入盐、生抽、鸡精、白糖、香醋。

5 锅内加油烧热，放入花椒粒爆香。

6 起锅，将热花椒油浇在码好调料的豇豆上即可。

烹饪秘笈

在汆烫豇豆的热水中加少许油、盐，汆烫好后捞出浸入冰水中，会令豇豆颜色更好看。这道菜最好当天吃完，不过夜。

解馋又下饭

冒菜粉

烹饪时间 15分钟 难度 /////

特色 好多地方把冒菜、麻辣烫混为一谈。其实无论是制作方法还是成品形式等，二者都有区别。冒菜粉麻辣鲜香，解馋又下饭，赶快自己做一碗吧！

主料

红薯粉 200 克

辅料

火锅底料（清油）适量 ● 高汤 1000 毫升 ● 香菜碎 5 克 ● 香葱碎 5 克 ● 芽菜 1 茶匙 ● 豆豉 1 茶匙 ● 蒜泥 适量

操作步骤 GO ▸

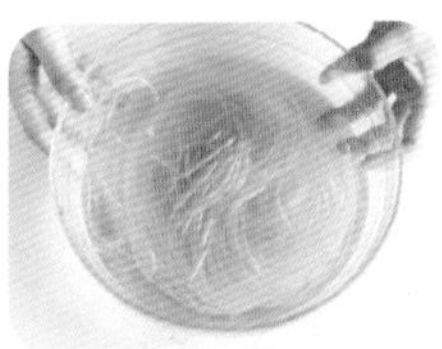

1 将红薯粉用冷水泡 2 小时。

2 红薯粉泡软后，锅内加清水煮熟备用。

3 将火锅底料放入锅中，加高汤煮沸后，倒入碗中。

4 将红薯粉倒入碗中，加蒜泥、豆豉、芽菜（榨菜）、香葱碎、香菜碎即可。

烹饪秘笈 没有高汤，用清水也可以；因火锅底料的口味已经很丰富，个人可根据喜好调整。

操作步骤 GO

1 金针菇去掉尾部，洗净；海带洗净切片；大白菜洗净切成片；腐竹泡开切段；香肠切花刀。

2 炒锅放适量油，烧热，把火锅底料炒下，然后倒入开水。

3 把所有食材都倒进去，煮开。

4 大蒜捣碎成蒜泥，加入香油，做成油碟，吃的时候用食材蘸着吃即可。

烹饪秘笈 用高汤做麻辣烫，滋味会更好。如果喜欢吃麻辣烫，平时去超市，记着要精挑细选自己喜欢的火锅底料。

兴旺红火

麻辣烫

烹饪时间 20分钟　难度 ////

特色 汤热料嫩、热气腾腾的麻辣烫，给味蕾带来一波又一波的新鲜刺激，带给人一种兴旺红火的味道。这一碗麻辣烫，就算是藏在街巷最不起眼的角落，也会被各路饮食男女迅速发现。

主料

金针菇 50 克 ● 鱼丸 100 克 ● 大白菜 100 克 ● 腐竹 50 克 ● 海带 80 克 ● 香肠 80 克

辅料

麻辣火锅底料 1 袋 ● 大蒜 50 克 ● 香油 50 毫升

清凉爽口

拍黄瓜

烹饪时间 02分钟 难度

特色 拍黄瓜作为快手菜的代表，省时省力，名符其实。清凉爽口的拍黄瓜，是夏天颇受欢迎的开胃菜。

主料

黄瓜一两根

辅料

蒜泥适量 ● 香油少许 ● 生抽少许 ● 盐少许 ● 香醋少许

操作步骤 GO ▸

1 将黄瓜洗净后，放在案板上用刀平拍裂开，再顺势切成小块。

2 取个小碗，把盐、蒜泥、香醋、生抽、香油调成汁。

3 将切好的黄瓜装入盆内，加入调味汁。

4 拌匀后即可装盘。

烹饪秘笈 爱吃辣的可以加点油泼辣子进去，口感更丰富。

操作步骤 GO

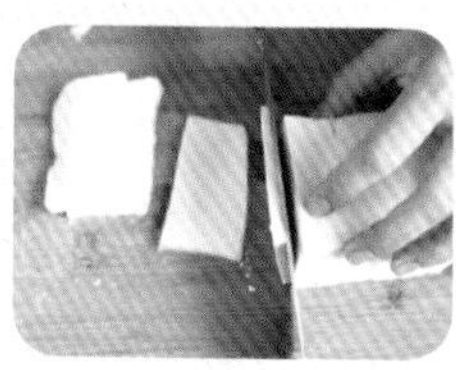

1 将豆腐放入开水中，焯烫 3 分钟，取出晾凉切小块。

2 皮蛋去壳后洗净，切成小块，与豆腐盛放在一起，并加入剁碎的小米辣、香菜。

3 取一小碗，将剩余所有调味料放入，对成调味汁。

4 将调味汁浇在豆腐、皮蛋上拌匀即可。

烹饪秘笈 买好的、靠谱的皮蛋是这道菜美味的关键；小米辣和辣椒油的用量可根据个人喜好增减。

好吃至关重要

皮蛋拌豆腐

烹饪时间 5 分钟　难度

特色 鲜嫩清爽的豆腐，搭配皮蛋的特殊鲜美，让人入口难忘！当年发明豆腐和皮蛋人真的是造福苍生。

主料

嫩豆腐 1 块 ✿ 皮蛋 2 个

辅料

香菜适量 ✿ 小米辣少许 ✿ 盐、白糖、鸡精各 2 克 ✿ 生抽 1/2 汤匙 ✿ 辣椒油 2 茶匙 ✿ 香油少许

脆嫩爽口

炝拌绿豆芽

烹饪时间 10分钟 难度

特色 绿豆发出了芽，营养价值获得迅速提升。这道炝拌的绿豆芽脆嫩爽口，可以做小菜，也可以卷春饼，无论怎么吃都好吃！

主料

绿豆芽 200 克 ● 尖椒 2 根 ● 胡萝卜 半根 ● 黄瓜 半根

辅料

香菜 2 根 ● 干辣椒一两根 ● 花椒粒少许 ● 醋 1 茶匙 ● 生抽 1 茶匙 ● 蒜末适量 ● 油适量 ● 盐、鸡精、白糖各少许

操作步骤 GO

1 绿豆芽洗净后，择掉难看的根须；黄瓜 、尖椒、胡萝卜洗净切丝；香菜拦腰切段。

2 锅中清水烧开，下绿豆芽、胡萝卜丝焯水片刻，捞出后过凉开水沥干水分。

3 将绿豆芽和其他配菜都放入大碗中，加入蒜末、盐、白糖、鸡精 、生抽、 醋拌匀。

4 锅中热油，放入爆香花椒和切碎的干辣椒，将辣油浇在豆芽上，加香菜段点缀即可。

烹饪秘笈 蔬菜焯水时间不宜太长，变色后即可捞起，否则时间太长，失去了蔬菜的爽利就不好吃了。

操作步骤 GO

1 豆腐在加了少许盐的开水中煮3~5分钟。

2 捞出晾凉后，将豆腐切成小块，放入碗中备用。

3 香葱洗净切碎，和豆腐块一同放入碗中。

4 加入盐、香油、鸡精，拌匀装盘即可。

烹饪秘笈 豆腐煮或蒸一下，去涩味还不易切碎；香葱一定要选叶子翠绿的，泛黄发蔫的叶子一律不用。

一清二白

小葱拌豆腐

烹饪时间 8分钟 难度

特色 不起眼的小葱拌豆腐，折射出的是处世的大哲学。一清二白，平易近人，看似风轻云淡，其实是美味和营养的经典。

主料

南豆腐1块 ● 香葱1把

辅料

盐、鸡精 各少许 ● 香油 少许

香气缭绕、温润美好

肉糜水蒸蛋

烹饪时间 20分钟 难度

特色 肉鲜蛋嫩，香滑可口。每个妈妈都该学会做的一道菜，因为它将伴随着宝宝的成长，将来无论何时何地，都会留存在他/她对童年的美好记忆里。

主料

鸡蛋2个 ● 猪肉馅50克

辅料

生抽2茶匙 ● 香油少许 ● 葱末适量 ● 盐少许

操作步骤 GO ▸

1 猪肉馅中加盐和部分生抽拌匀后腌制一会儿。

2 鸡蛋打入小碗中，加少量水调匀，倒入肉馅。

3 蒸锅水烧开，鸡蛋液碗口盖上，放蒸锅内小火蒸10分钟左右关火。

4 打开碗口的盖子，将葱末、香油及剩余的生抽淋在蒸好的蒸蛋上即可食用。

烹饪秘笈 用中小火蒸，否则易变形；加盖可防水汽进入影响外观。

操作步骤 GO

1 菠菜洗净后，切5厘米左右长的段，开水中略焯后捞出过凉开水。

2 挤干菠菜的水分，放入小杯子或小碗中。

3 将葱末、姜末放入碗中，加入芥末酱、盐、鸡精、香油、酱油对成调味汁。

4 将调味汁浇在菠菜上，再撒入少许白芝麻，食用时拌匀即可。

菠菜汆烫时间不可过长，变色断生后即可捞出过凉水。

绿意盎然

芥末菠菜

烹饪时间 10分钟　难度

特色 吃下去，芥末的冲劲一下涌上鼻腔，人立刻就精神了。菠菜，要多家常有多家常，你看它其貌不扬，搭配芥末立刻变得滋味浓郁，让人想起暮色里的晚春，千山铺绿，絮敲纱窗，一股冲味儿钻上来，如晚来的雁，一下把沉思中的你惊醒。

主料

菠菜 250 克

辅料

芥末酱 2 茶匙 • 姜末、葱末各少许 • 酱油 1 茶匙 • 盐、白芝麻、鸡精各 2 克 • 香油 适量

挑逗你的味蕾

手撕茄子

20分钟 烹饪时间　难度 

用料一览

主料　长茄子 2 个

辅料　大蒜 4 瓣 ✹ 姜 少许 ✹ 辣椒油 1 茶匙 ✹ 白糖、盐各 2 克 ✹ 鸡精、花椒粉各 1 克 ✹ 醋 1 茶匙 ✹ 生抽 1 茶匙

特色　平淡无奇的食材，简单朴素的烹制方法，却会幻化出令人啧啧称奇的好滋味。这道小菜蒜香扑鼻、鲜嫩爽口，适合配粥食用。

营养贴士

蒸制的烹饪方式，很好地保留了茄子中的维生素。这道菜还有一个功臣就是大蒜。研究表明，大蒜中的大蒜素能够杀死痢疾杆菌、流感病毒等致病因子，同时还能促进新城代谢，对于很多都市现代病都有很好的预防作用。

操作步骤 GO

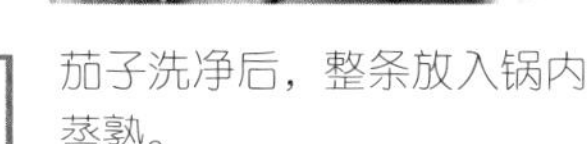

1 茄子洗净后，整条放入锅内蒸熟。

2 蒜、姜剁成碎末备用。

烹饪秘笈

蒸茄子的时间根据茄子大小掌握。

3 把蒸好的茄子晾凉后撕成条。

4 然后在茄条上加入姜末、蒜末。

5 另取一个小碗，放入剩余所有的调料做成调味汁。

6 将调味汁倒在茄子上拌匀即可。

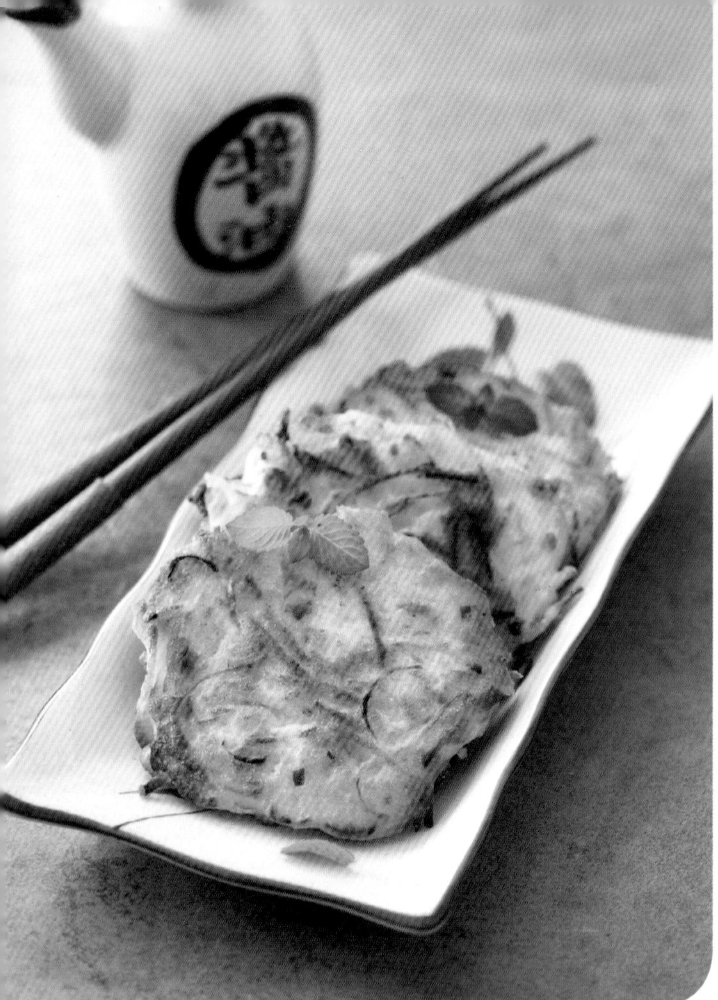

细糯香浓

土豆饼

烹饪时间 15分钟 难度

特色 入口细糯，香浓可口。这土豆可真是个逆来顺受的好脾气，任你煎炒烹炸十八般武艺耍个遍，人家就俩字："好吃"！

主料

土豆 2 个 ● 胡萝卜 1 个 ● 面粉 150 克

辅料

盐 1/2 茶匙 ● 鸡粉 1/2 茶匙 ● 白胡椒 粉 1/2 茶匙 ● 香葱粒 适量

操作步骤 GO

1 土豆擦细丝，漂水洗净沥干。胡萝卜洗净切细丝。

2 面粉制成糊状，加入胡萝卜细丝、土豆细丝。

3 加盐、鸡粉、白胡椒粉、香葱粒搅拌均匀。

4 平底锅烧热，倒入少许油，舀入面糊，摊成饼，煎熟即可。

烹饪秘笈 这个饼里面还可以放入洋葱，更香浓。

操作步骤 GO

1 把凉粉切成条状，或者块状。如果希望入味就切小点，喜欢豪爽口感就切大点。

2 小米辣洗净切碎，放一旁备用。

3 取一个碗，加入蒜泥、花椒粉、辣椒油、酱油、鸡精、白糖做成调味汁。

4 将切好的凉粉放入调好的调味汁中，放上小米辣碎、花生碎、芽菜和葱花，拌匀即可。

烹饪秘笈 可以根据喜好放点香醋，提香、促进食欲。

心碎了？辣哭了？

伤心凉粉

烹饪时间 5分钟　难度 /////

特色 爽滑麻辣，一口下去，涕泪横流。不管你是思乡伤心，还是辣得流泪，反正要是吃不到，肯定会馋得好伤心！也许这就是伤心凉粉的由来。

主料

凉粉 1 块

辅料

小米辣 3~5 根 ● 葱花少许 ● 花生碎 1 茶匙 ● 芽菜 1 茶匙 ● 鸡精少许 ● 白糖 适量 ● 酱油适量 ● 蒜泥适量 ● 辣椒油适量 ● 花椒粉适量

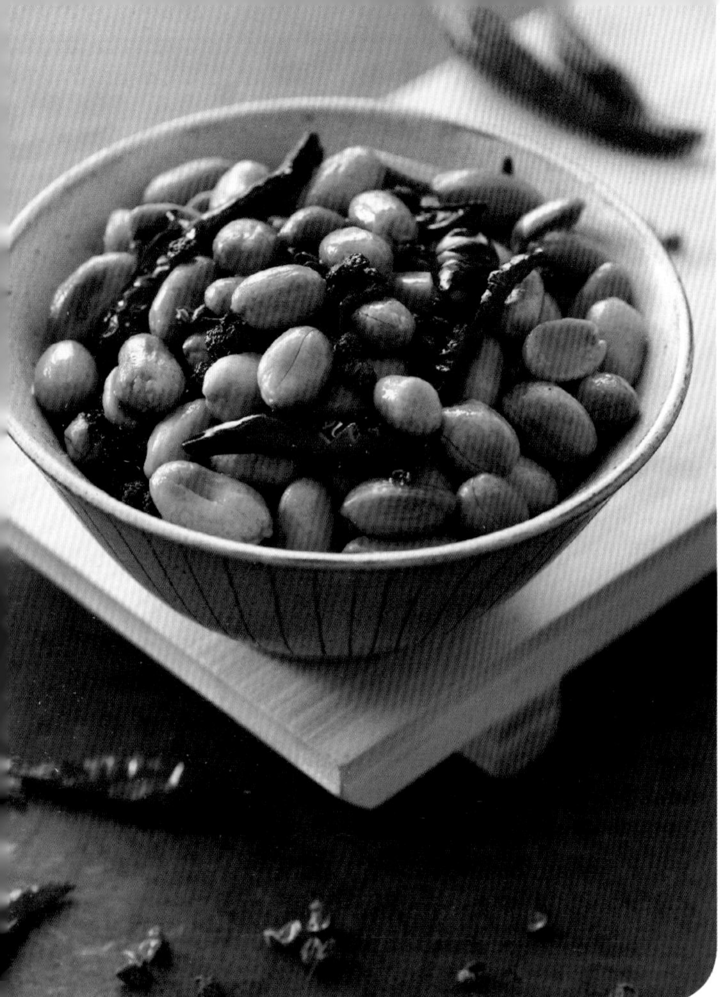

欲罢不能

麻辣花生

烹饪时间 10分钟 难度

特色 麻辣香酥，口感独特。无论是佐食下酒，还是当茶点零食，都能令你口口过瘾，欲罢不能！

主料

生花生米 250 克

辅料

盐 1 茶匙 ● 五香粉 1 茶匙 ● 油 1 汤匙 ● 干辣椒 50 克 ● 花椒 5 克

操作步骤 GO ▸

1 汤锅放盐、五香粉、部分花椒和辣椒及适量水煮开，放入花生米煮 5 分钟，关火，把花生米泡 1 小时。

2 捞出花生米，沥干水分，倒在干布上，搓掉外皮。

3 炒锅置中火上，倒入油，冷油放入花生米，快速翻炒 3 分钟。

4 加剩余的干辣椒和花椒，炒 1 分钟，当花生米开始变黄色，立即关火铲出，放凉就可以吃了。

烹饪秘笈 最好用大一点的花生来做，这样比较容易去皮。如果实在不好去皮，就买已经去好皮的花生米好了。

操作步骤 GO

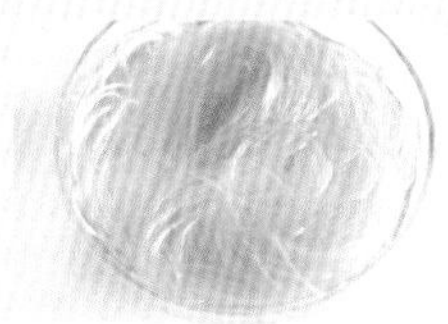

1 干红薯粉放温水中泡软后煮熟，捞出放凉水中备用。

2 取一空碗，放入花生碎、黄豆碎、芽菜、榨菜以及香葱末以外的所有辅料。

3 锅中下少量高汤煮沸，把红薯粉和洗净的生菜叶放进高汤内，焯熟立刻关火。

4 将红薯粉、生菜叶连汤一起倒入装有调料的碗中，撒上香葱末即可。

烹饪秘笈 可以依个人口味多放一些醋和辣椒油；花生碎和黄豆碎需提前备好，平时可多做些，随用随取；可以根据需要在酸辣粉上浇肥肠、炸酱、酸豆角等。

连汤也绝不放过

酸辣粉

烹饪时间 15分钟　难度 /

特色 微酸带辣，最能撩起人的食欲。这生于草莽，来自于市井中的小吃，能以迅雷不及掩耳之势，迅速拥有大批“粉丝”，没点儿真功夫能行吗？

主料

干红薯粉（细）100克 ● 生菜半棵 ● 高汤1000毫升 ● 花生碎15克 ● 黄豆碎15克 ● 芽菜、榨菜 各适量

辅料

酱油 1汤匙 ● 醋 2汤匙 ● 辣椒油 2汤匙 ● 香葱末、姜末、蒜末各适量 ● 花椒粉、胡椒粉、辣椒碎各适量 ● 盐、鸡精、白糖各适量 ● 香油 少许

比想象更浓郁

糟毛豆

烹饪时间 60分钟 难度 /////

特色 糟毛豆可不是糟糕的毛豆，是用糟卤泡出来的毛豆，是一道下酒好小菜。

主料

带荚毛豆 500 克

辅料

糟卤 800 毫升 ● 盐 1 茶匙 ● 辣椒 4 根

操作步骤 GO ▸

1 把毛豆洗干净，剪掉两端。

2 汤锅放入水和毛豆，加盐、辣椒大火烧开，煮 5 分钟左右。

3 把毛豆捞出，倒入大碗中，等待冷却。

4 把糟卤倒入大碗里，将毛豆泡 1 小时就可以盛出来吃了。

烹饪秘笈 等水烧开后，把锅盖打开，毛豆颜色就不会发黄了。

操作步骤 GO ▸

1 土豆洗净去皮，切成丝，浸泡在凉水中备用。

2 蒜、葱切成碎末，尖辣椒切丝备用。

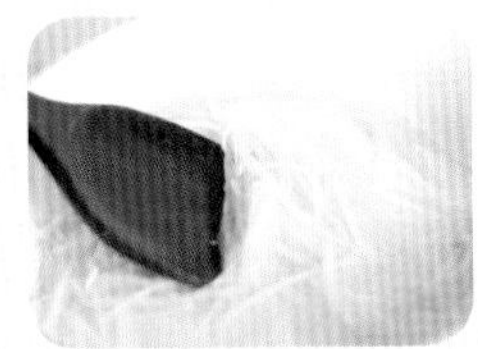

3 锅内清水烧开后，下土豆丝焯熟捞出，过凉开水，捞起沥干，放入大碗中。

4 放入所有调味料，再放入蒜末、葱末和尖辣椒丝拌匀，即可装盘。

烹饪秘笈 土豆丝切好后要泡清水中，才不会氧化变色。

爽口爽心的实力派

凉拌土豆丝

烹饪时间 15分钟　难度 /////

特色 搭配一碗热乎乎的大米粥，一个暄腾腾的大馒头，无论是街边小店，还是公共食堂，凉拌土豆丝常常作为早餐的主打菜。就好比告诉食客：一天的美好就从一盘凉拌土豆丝开始！这就是传说中的实力派吧。

主料

土豆 160 克

辅料

尖辣椒 2 根 ● 香葱 2 根 ● 大蒜 4 瓣 ● 生抽 2 茶匙 ● 香醋 1 茶匙 ● 花椒油 1 茶匙 ● 盐、味精、白糖各少许 ● 香油少许

平凡隽永的滋味

芝麻拌豇豆

烹饪时间 15 分钟 难度

特色 家庭常见的开胃小菜。豆角软嫩，色泽翠绿，鲜香适口，蒜味悠长。其平凡隽永的滋味，陪伴着咱老百姓细水长流的日子。

主料

豇豆 400 克

辅料

芝麻酱 1 汤匙 ● 蒜末适量 ● 生抽 1 茶匙 ● 香油 1/2 茶匙 ● 盐、鸡精各适量

操作步骤 GO

1 豇豆择好洗净，切成 4~5 厘米的长段。

2 锅中水烧开，下豇豆焯熟后，过凉开水，捞出沥干。

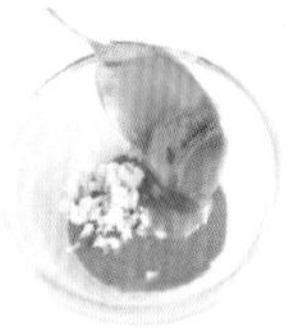

3 取一小碗，加入所有调料拌匀成调味汁，若芝麻酱太稠，还可加少许凉开水。

4 将调好的芝麻酱调味汁淋到豇豆上拌匀，装盘即可。

烹饪秘笈 豇豆一定要焯烫熟才能吃，否则易中毒。

操作步骤 GO

1 尖辣椒、黄瓜、葱白洗净切丝；香菜用小苏打清洗一下，可去掉残留农药，然后切段备用。

2 把黄瓜丝、葱白丝、尖辣椒丝、香菜段盛在碗中，倒入生抽和醋。

3 撒入少许的盐、鸡精拌匀。

4 最后倒入香油，调匀后装盘即可。

烹饪秘笈 过早调味，会让食材过多地析出水分，影响口感与卖相。

凉菜中的山大王

老虎菜

烹饪时间 15分钟　难度 /

特色 老虎菜，这道菜光看这名字，就透着股威风。它虽跟老虎没半毛钱的关系，但辛辣生猛的口味却好似猛虎下山，咱捍卫的就是这轰轰烈烈的名号！

主料

尖辣椒 100 克 ● 黄瓜半根 ● 香菜 50 克

辅料

葱白 50 克 ● 香油 2 茶匙 ● 生抽 2 茶匙 ● 醋少许 ● 盐 1/2 茶匙 ● 鸡精 2 克

莫名又狂热地上瘾

芥末白菜

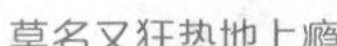

烹饪时间 20分钟 难度

特色 这就是老北京俗称的"芥末墩"，是一道传统小菜，能唤起不少人的童年回忆。这回忆里有钻鼻子的冲劲儿，还有爽辣利口的痛快，不信您就尝尝？

用料一览

主料 白菜 500 克

辅料 芥末粉 50 克 ● 醋 少许 ● 盐、白糖 各适量

营养贴士

夏天一到，身体活力增加了，但是食欲反而会有所下降，这时候正是给菜品中“加点料”的好时机。芥末的强烈奇味能够刺激唾液和胃液的分泌，增进食欲，消除苦夏的烦恼。同时，夏天细菌容易滋生，正是杀菌解毒的芥末最应登场的时候。

操作步骤 GO

1 大白菜洗净，切成 4 厘米长的白菜段。

2 将切好的段聚拢码放整齐，形成圆柱形的墩。

3 白菜段保持齐整，在沸水中焯熟，捞出后沥干水，晾凉装盘。

4 将芥末粉放在小碗中，用少量开水调成糊。

5 盖上盖子闷 5~10 分钟，加入盐、白糖、醋调匀。

6 将芥末汁浇在白菜上，上面扣一个碗或盖子在室温下过一夜，翌日即可食用。

烹饪秘笈

焯白菜时，为保其不散，可以用线绑一下，也可以焯完再切。

拯救食欲

葱油金针菇

烹饪时间 10分钟 难度

特色 口感滑嫩，葱香浓郁，即使凉了也美味不减的好小菜。适合在炎炎夏日食用，开胃爽口、促进食欲。

主料

金针菇 200 克

辅料

香葱 3~5 根 ✿ 干辣椒 1 个 ✿ 蒜末少许 ✿ 花椒粒 少许 ✿ 油 适量 ✿ 生抽 1 茶匙 ✿ 香油、醋各少许 ✿ 盐、白糖、鸡精各少许

操作步骤 GO

1 金针菇切掉根部洗净；干辣椒剪小段；香葱洗净，切成碎末。

2 洗净的金针菇放入开水中略焯一下，过凉开水后，捞出沥干。

3 将金针菇、香葱碎、蒜末放入容器内，加入盐、白糖、鸡精、生抽、醋拌匀。

4 锅中放油烧热后，放入花椒粒和切碎的干辣椒爆香，将辣油及香油浇在金针菇上即可。

烹饪秘笈 金针菇焯水时间不宜太长，但是一定要焯熟；香葱可根据个人喜好添减。

操作步骤 GO

1 鸡蛋洗净，放入锅中煮熟。

2 把鸡蛋捞出过凉水，剥去外壳。

3 剥好的鸡蛋放入锅里，倒入水，放入干红辣椒、八角、桂皮和香叶，放入适量老抽，盐和白糖。

4 大火烧开后转中小火煮 15 分钟，然后关火继续闷着，吃的时候拿出来既可。

烹饪秘笈 这道菜可以让鸡蛋在汤里多泡一会儿，更入味。利用这个思路，可以把鸡蛋泡在炖肉的汤里面，也很好吃。

百吃不厌

卤蛋

烹饪时间 30 分钟　难度 /////

特色 细腻润滑，咸淡适口，让人很开心的一道菜。可以搭配米饭、下酒、送粥，或当夜宵都可以。

主料

鸡蛋 6 个

辅料

老抽 1 汤匙 ● 盐 2 茶匙 ● 白糖 1 茶匙 ● 干红辣椒 3 个 ● 八角 3 个 ● 桂皮 1 根 ● 香叶 2 片

黑得有腔调

拌木耳

烹饪时间 10分钟 难度

特色 鲜嫩爽脆，清香润滑。木耳作为一款常见易得、经济实惠的黑色食品，如果能做到可口如这款凉拌木耳，那便是锦上添花的美事一桩了。

主料

干木耳 适量

辅料

朝天椒 3 根 ● 香菜 2 根 ● 大蒜 4 瓣 ● 生抽 2 茶匙 ● 香醋 1 茶匙 ● 辣椒油 1 茶匙 ● 盐、味精、白糖、花椒粉各少许 ● 香油 少许

操作步骤 GO

1 干木耳用温水浸泡，软化后，彻底清洗干净。

2 锅中加清水煮至沸腾后，放入泡发好的木耳焯两三分钟，捞出过冷（冰）水后沥干。

3 将木耳撕成小块，去根不用。香菜洗净切段；朝天椒切小段；大蒜去皮压成蒜泥。

4 将所有主料、辅料放入碗中，搅拌均匀即可。

烹饪秘笈

泡木耳时撒少许面粉，有助于清洗干净。经常坐在电脑屏幕前的上班族们，为了健康也应该多吃些能够减轻辐射危害的木耳哦！

操作步骤 GO

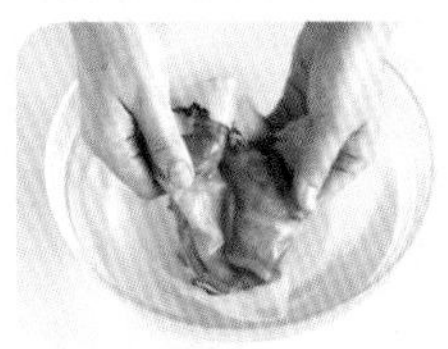

1 海蜇皮先在清水中充分浸泡，仔细搓洗去除盐味。

2 将洗好的海蜇皮切丝，再在凉开水里洗 2 次，放碗中备用。

3 把黄瓜、胡萝卜洗净切丝后，一同放入碗内。

4 最后加所有调料拌匀，装盘即可。

烹饪秘笈 挑选好的海蜇，海蜇皮充分浸泡、反复清洗，以去除腥味和咸味。

海的味道我知道

凉拌海蜇丝

特色 质脆而韧，清凉爽口，是常见的佐酒佳肴。在物流并不发达的过去，在远离大海的地区，海蜇可能是人们最早尝到的关于海的味道。即使今天已经尝遍各种海鲜，但印象最深刻的还是这道带着记忆芬芳的凉拌菜。

主料

海蜇皮 200 克 ● 黄瓜 1 根 ● 胡萝卜半根

辅料

蒜末 适量 ● 生抽 2 茶匙 ● 香醋 1 茶匙 ● 白糖适量 ● 香油 1 茶匙 ● 鸡精少许

酸酸甜甜就是你

拌糖醋萝卜

烹饪时间 15分钟 难度

特色 这糖醋口味儿的萝卜酸甜多汁，好吃更好做。对于平时感慨只会煮方便面的烹饪菜鸟来说，这道菜是给自己正名的绝佳机会！

主料

红皮萝卜 1 个

辅料

白醋 1 汤匙 ● 白糖 2 茶匙 ● 盐 1/2 茶匙

操作步骤 GO

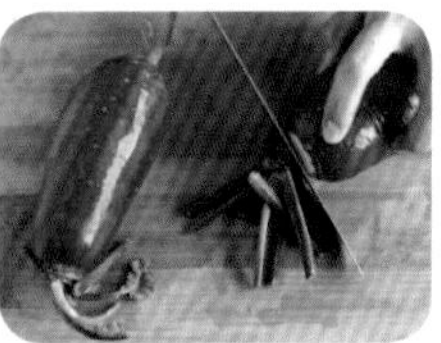

1 萝卜洗净，根据需要去皮或者不去皮。

2 洗好的萝卜切成丝，放进一个大碗里。

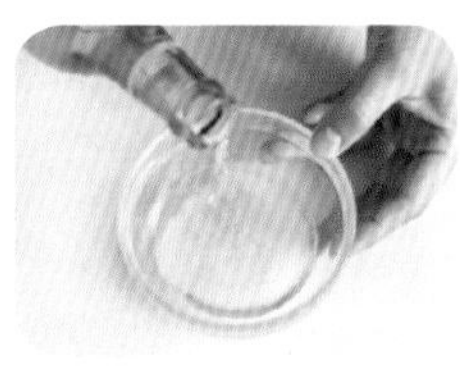

3 白糖、白醋和盐放入一个小碗，对成调味料。

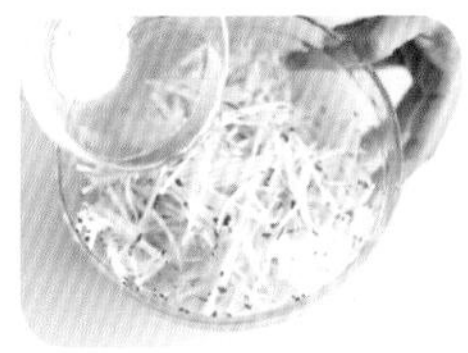

4 将调味料浇在萝卜丝上，拌匀装盘即可。

烹饪秘笈 萝卜皮营养丰富，色泽艳丽，最好不要去皮；白糖、醋的比例可根据个人口味调节。

操作步骤 GO

1 莴笋叶洗净，切成6~8厘米的长段。

2 锅中水烧开，莴笋叶下锅焯至变色后，立刻过凉水，捞出控干水分。

3 取一小碗，加入所有调味料，调制成调味汁备用。

4 将焯好的莴笋叶装盘，浇上调味汁，拌匀即成。

烹饪秘笈 莴笋叶生吃都可以，所以焯水时间更要短，一变色立即捞出沥水。

清香爽口

麻酱凤尾

烹饪时间 10分钟　难度 /////

特色 很多人不吃莴笋叶，其实莴笋叶营养丰富，清热安神，清肝利胆。虽然味道微苦，却清香爽口，淋上麻酱后更是别具风味。

主料

莴笋叶 250克

辅料

辣椒油1茶匙 ✿ 生抽 1茶匙 ✿ 芝麻酱1汤匙 ✿ 香油少许 ✿ 盐、白糖、鸡精各适量

美味源于特立独行

老醋花生

烹饪时间 20分钟 难度

特色 一盘老醋花生，一杯自家酿的米酒。晚来天欲雪，能饮一杯无？这样的日子，最家常，也最有滋味儿。

主料

花生米 100 克

辅料

油少许 ● 酱油 1 汤匙 ● 陈醋 1 汤匙 ● 白糖 1 茶匙 ● 盐 少许 ● 香菜 2 根

操作步骤 GO

1 锅内放少许油，加入花生米，用小火炒至花生米熟后关火。

2 趁热在花生米上淋少许白酒，盛出晾凉。

3 干净的锅内加入陈醋、酱油、白糖、盐，煮开后关火调匀。

4 调味汁晾凉后倒在花生米上，加香菜点缀即成。

烹饪秘笈 炸好的花生米趁热淋少许白酒，是为了保证其脆感。

小吃和小菜

操作步骤 GO ▸

1 菠菜洗净后，切成5厘米长的段，在开水中焯一下，变色后马上捞出过凉开水。

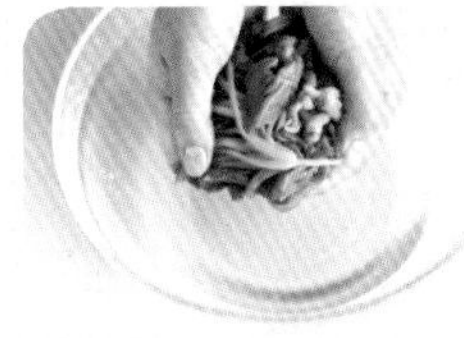

2 攥干菠菜的水分后，放入碗中。

3 碗中放入所有调料对成调味汁。

4 将调味汁浇在菠菜上，拌匀即可食用。

烹饪秘笈 菠菜汆烫时间不可过长，变色断生后即可捞出过凉水。

幸福就在你身边

姜汁菠菜

烹饪时间 10分钟 难度 /////

特色 颜色碧绿，清淡爽口。简单一道小菜，却带着家的温暖。梦里遥远的幸福其实就在你的身边。

主料

菠菜 300克

辅料

姜末2茶匙 ✽ 醋 少许 ✽ 生抽 少许 ✽ 盐、白糖、鸡精、花椒油、香油各适量

欢聚一堂

东北大拉皮

烹饪时间 30分钟 难度 ////

特色 过年做上一盘东北大拉皮，颜色鲜艳好看，营养丰富，搭配着满桌的大鱼大肉，还解腻爽口，想不获得五星级的好评都难！

主料

熟拉皮 500 克 ✿ 黄瓜 适量 ✿ 里脊肉 适量

辅料

香菜 3 根 ✿ 芝麻酱 1 汤匙 ✿ 生抽 1 汤匙 ✿ 香醋 1 茶匙 ✿ 料酒 1 茶匙 ✿ 香油 1 茶匙 ✿ 盐、鸡精各少许

操作步骤 GO ▸

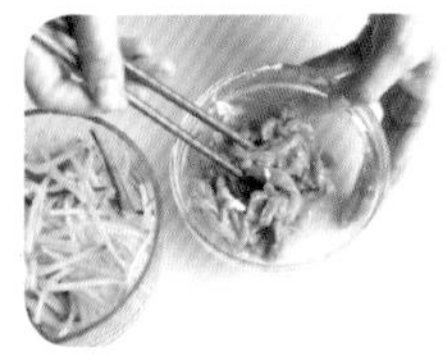

1 将里脊肉洗净切成丝，放一小碗中，加料酒、部分生抽腌制 10 分钟左右。

2 锅中加少许油，将里脊肉丝入锅炒熟备用。

3 取一小碗，放入芝麻酱，一点点往里加香油、香醋、盐、鸡精及剩余生抽沿顺时针调匀，做成酱汁。

4 黄瓜切成细丝、香菜切小段、拉皮切成条，和肉丝一起摆好盘，淋上酱汁，拌匀即可食用。

烹饪秘笈 配菜可根据自己的喜好调整；如果用干粉皮，要提前泡软煮透并晾凉。

新手烹饪课堂

SHCOOL

01 如何勾芡?

勾芡，多用于熘、滑、炒等烹调技法，就是用淀粉调成芡汁，在菜肴马上要出锅的时候加进去，这样菜就不会有很多汤了，而且会锁住菜肴溢出的汁水，使得菜肴口感更好，颜色也更加好看，是一种相对来说水平要求更高的烹饪技能。

a

具体勾芡用法：

a 将少量淀粉放入小碗中，加少量水，然后搅拌开。

b 待菜肴快出锅时，将水淀粉淋入锅中，快速搅拌，否则就会结成一个疙瘩了。

b

02 如何控制火候？

中火比大火小，小火比中火小。

a 什么是小火？

只有内圈有火。适合慢煲。

b 什么是中火？

内圈有火，外圈火力只有大火的一半。适合慢熬和一般不需要猛火的烧炒。

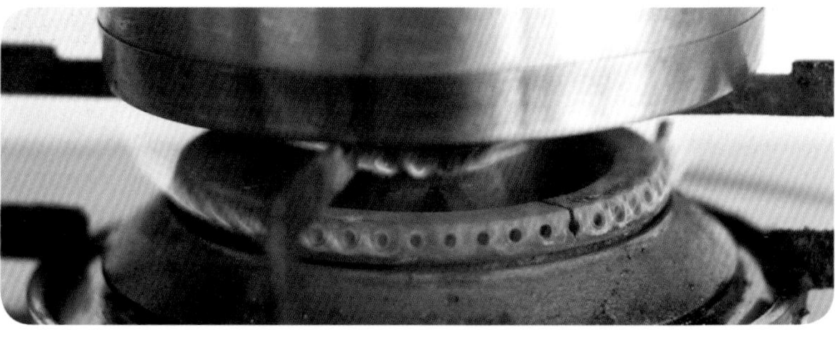

c 什么是大火？

大火是指火最旺，燃气开关打到最大，这时灶头全都有火。大火适合烧水、涮或爆炒。

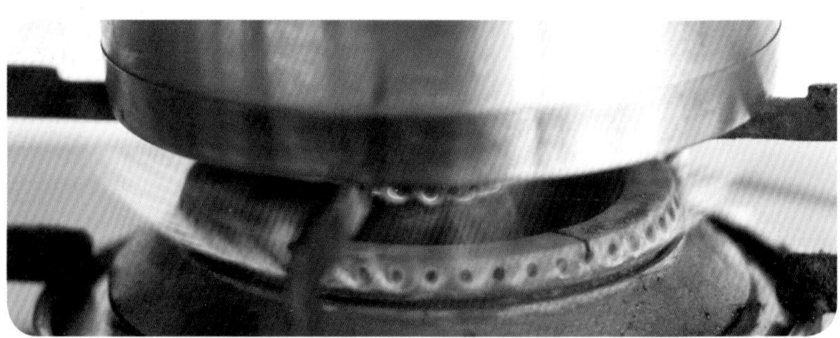

03 如何检测油温？

有人用筷子，有人用花椒，有人靠肉眼观察，有人靠手掌感知，更高级的是用感觉。

a **三成热** 油温100℃左右，表现为无青烟，无响声，油面平静，手放在油面上方能感到微微的热气。筷子置于油中，周围会出现细小的气泡，一般用于滑炒、滑熘、油爆等类型菜肴。

b **五成热** 油温140℃左右，表现为微有青烟，细看油表面会有波纹，手放在油面上方能感到明显的热气。将原料放入油锅后周围有大量的气泡。插入筷子周围气泡变得密集，但没响声，适合炝锅和炒菜等。

c **八成热** 油温200℃左右，表现为有青烟，用炒勺或者锅铲搅动时有响声。插入一根筷子则周围有大量气泡，并且有噼里啪啦的响声，适合油炸或者煎肉类、鱼类。

04 如何料理肉丝才滑嫩？

家庭炒肉丝怎样才能像馆子里做的那样滑嫩？这里面有几个小秘诀。

a 最好给肉丝上浆，浆一般由水、淀粉、盐、鸡精等组成，并且要抓匀挂匀。

b 肉丝上浆前后可放入油，抓均匀，然后再用油锅炒制。

c 上好浆的肉丝先用沸水汆熟后，再烹炒，这方法适合怕胖的女士。

d 上好浆的肉丝用温油滑熟后，再行烹调，这方法适合追求口感，不吝惜用油的人。

e 也可以把上好浆的肉丝直接烹炒，但是烹炒的油量要多一点儿，火候不要一上来就那么大。

新手烹饪课堂

a

b

c

e

d

About us
关于我们

萨巴厨房工作室位于一个有蓝天白云，有流水花香的所在。有春天的小花，夏天的星夜，秋天的桂子与冬天的雾气陪伴。工作环境开心，做的美食才会好吃，我们一向这么认为。

为了确保菜谱的可操作性，我们制作的每一道菜都是现场烹饪后直接摆盘进行拍摄的，都是实拍。而且为了知道菜好不好吃，拍好的每一道菜都进了我们的肚子，成了我们的午饭、晚餐、加班的夜宵。一本图书拍完，我们有的人可是长了十斤肉！所以亲爱的读者，您可要悠着点哦。

美食离不开美器的装点，就如美人也离不开裁剪适宜的华衣。所以为了保证图片的美观，我们有数不清的杯盘碗碟和琳琅满目的炊具，也许将来我们会考虑出版一本《美食美器》呢。

除了精致的道具，也需要高超的摄影技术和经验丰富的造型技巧。好在我们有积累十多年的经验作为根基，并且也积极探求更好的拍摄手法与科技。

我们会继续出版家常菜系列的美食图书，

敬请关注。

图书在版编目（CIP）数据

米饭最佳伴侣 / 萨巴蒂娜主编 . — 北京 : 中国轻工业出版社 , 2016.8
ISBN 978-7-5184-0343-1
Ⅰ . ①米… Ⅱ . ①萨… Ⅲ . ①家常菜肴—菜谱 Ⅳ . ① TS972.12
中国版本图书馆 CIP 数据核字 (2014) 第 310160 号

责任编辑： 秦 功 高惠京
策划编辑： 龙志丹 **责任终审：** 劳国强 **封面设计：** 施建均
版式设计： Jackween **责任监印：** 马金路

出版发行： 中国轻工业出版社（北京东长安街 6 号，邮编：100740）
印 刷： 北京画中画印刷有限公司
经 销： 各地新华书店
版 次： 2016 年 8 月第 1 版第 5 次印刷
开 本： 720 × 1000 1/16 印张：14
字 数： 200 千字
书 号： ISBN 978-7-5184-0343-1 定价：39.80 元
邮购电话： 010-65241695 传真：65128352
发行电话： 010-85119835 85119793 传真：85113293
网 址： http://www.chlip.com.cn
Email： club@chlip.com.cn
如发现图书残缺请直接与我社邮购联系调换
160911S1C105ZBW